国家自然科学基金项目（52278472）、教育部人文社科项目（24YJCZH184）、北京市自然科学基金项目（8232004）、河北省自然科学基金项目（E2022202119）、北京建筑大学金字塔人才培养工程（JDYC20200326）

城市应急避难疏散空间仿真及优化

Simulation and Optimization of Urban Emergency Evacuation Space

刘晓然　刘朝峰　王　威　甄纪亮　著

U0295037

中国建筑工业出版社

图书在版编目（CIP）数据

城市应急避难疏散空间仿真及优化＝Simulation
and Optimization of Urban Emergency Evacuation
Space／刘晓然等著.—北京：中国建筑工业出版社，
2024.8.—ISBN 978-7-112-30252-9

Ⅰ.TU984.199

中国国家版本馆 CIP 数据核字第 2024SS5725 号

本书针对应急避难疏散过程中不同阶段的人员疏散行为特点及疏散需求，以城市典型社区、片区为研究对象，应用多智能体仿真等方法构建应急避难疏散空间仿真优化模型，基于模拟结果进一步提出城市应急避难疏散空间规划设计策略及方法。

责任编辑：万　李　石枫华
责任校对：赵　力

城市应急避难疏散空间仿真及优化

Simulation and Optimization of Urban Emergency Evacuation Space

刘晓然　刘朝峰　王　威　甄纪亮　著

*

中国建筑工业出版社出版、发行（北京海淀三里河路9号）

各地新华书店、建筑书店经销

北京龙达新润科技有限公司制版

建工社（河北）印刷有限公司印刷

*

开本：787 毫米×1092 毫米　1/16　印张：9　字数：225 千字

2024 年 8 月第一版　　2024 年 8 月第一次印刷

定价：**49.00** 元

ISBN 978-7-112-30252-9

（43643）

前　言

近几年，世界各地地震频发，为避免大量人员伤亡，避难疏散设计的相关研究成为十分重要的课题。随着我国城市化步伐的加快，城市空间结构多形态发展，人口出现分区域集中、职住分离等现象，城市区域人口密度在时空上的差距逐渐增大，加上城市内由地震所引发的各类突发事故具有不确定和多变性、事件多样性、危害性和信息有限性等特点，灾害突发时，密集区域人口疏散问题就显得特别突出。人是灾害发生后主要的承灾体，而避难空间是为应对地震等突发事件，经规划、建设，可供居民疏散、避难的安全空间。

城市避难空间是城市应急救援的物质空间支持系统，是具体防灾设施在城市空间上的落实，也是实施其他救援活动的基础。在《"十四五"国家综合防灾减灾规划》中，提到加强规划协同，将安全和韧性、灾害风险评估等纳入国土空间规划编制要求，多次强调基础设施空间、应急避难空间、生态空间等规划建设，进一步健全防灾减灾规划保障机制。在《"十四五"国家应急体系规划》中完善网络型基础设施空间布局、应急避难场所规划布局等也是城乡综合防灾减灾能力提升的重要内容。

本书以优化城市应急避难疏散空间为目的，结合人员疏散过程、区域空间特征及灾害特点，分析城市社区和片区空间特征、复合灾害对人员避难疏散需求的影响，构建不同阶段及尺度下的应急避难疏散空间多智能体仿真模型，基于多情景模拟及优化算法耦合，提出社区和片区的应急避难空间规划设计策略，为城市应急避难空间优化设计提供科学建议。

城市韧性应灾、抗灾能力的提升，任重而道远，城市应急避难疏散空间建设是其重要组成部分。本书对城市应急避难空间优化问题进行了一定的探讨，希望能起到抛砖引玉的作用。本书由作者与北京工业大学王威教授、河北工业大学刘朝峰副教授共同编写了框架及大纲，并基于各自研究，完善了章节内容。全书由刘晓然定稿，北京建筑大学甄纪亮副教授为本书的插图及统稿作了大量工作。

国家自然科学基金项目（52278472）、教育部人文社科项目（24YJCZH184）、北京市自然科学基金项目（8232004）、河北省自然科学基金项目（E2022202119）、北京建筑大学金字塔人才培养工程（JDYC20200326）联合资助本书的出版，在此一并表示感谢。

由于作者水平有限，书中难免存在诸多不足和不妥之处，敬请各位专家和读者指正。

目　录

第1章
绪　论

1.1　概述

1.1.1　当前城市灾害特点及发展趋势

近年来全球范围内突发、异常性灾害频发，城市灾害也呈现出密集、多样、连锁、叠加、圈域等新特点，同时连续发生的复合灾害不断触发→叠加→耦合→累积演化，扩大了灾害影响，加重了灾情。如2011年"3·11"东日本大地震造成的地震→海啸→核事故&地震→（海啸→）结构破坏→火灾/基础设施系统损毁和地震→滑坡/火山/水库溃坝等多种灾害链复合累加效应；2021年2月13—15日期间日本福岛近海7.3级地震→余震不断&暴风雨→造成地基松动或发生严重泥石流或雪崩天气；国内泸县"9·16"6.0级地震又遇暴雨和郑州"7·20"特大暴雨灾害，均形成复杂灾害链/事故链，应急救援的难度进一步增加；而来势汹汹的新冠疫情持续时间长，多次爆发、升级和扩散蔓延冲击着全世界城市治理体系。短时间内疫情灾害不断复合叠加造成综合性社会、经济危机，致使医疗、避难、生活物资等应急服务设施和救灾资源供给不足，这些复合灾害效应都对城市应急服务设施系统规划建设与管理提出了新的挑战。

我国已进入快速城市化阶段，城市人口、建筑数量、经济产值日益增长，导致城市聚合度越来越高，同时对环境造成了影响和破坏，导致各类灾害频发，尤其是重大灾害发生后，常常导致一连串灾害连续发生，灾害错综复杂的相互联系与相互作用使得复合灾害具有极大的破坏力，其破坏强度与造成的损失远超单灾种灾害。《"十四五"国家应急体系规划》指出："城市灾害事故发生的隐蔽性、复杂性、耦合性进一步增加，重特大灾害事故往往引发一系列次生、衍生灾害事故和生态环境破坏，形成复杂多样的灾害链、事故链，进一步增加了风险防控和应急处置的复杂性及难度。"我国防灾减灾工作也面临着严峻的挑战，面对复杂多样的复合灾害情景，传统的灾害风险与应急管理模式已经不适用于新形势下的灾害治理，有必要从复合型灾害入手，考虑当前灾害发展新趋势下的应急防控和灾害治理，提高防灾减灾能力。

1.1.2 多灾种避难疏散体系建设必要性

避难疏散体系对城市防灾减灾至关重要，是城市安全保障的重要表征。在缺乏完善的避难体系和对灾害事件良好应急管理的情况下，大规模人群疏散的混乱无序，会延长避难人员到达避难场所的时间，同时会导致各种疏散事故，如人群拥堵和踩踏事件。复合灾害情景下，多种灾害叠加效应不断凸显，城市承灾体在一段时间内持续受到破坏，会导致避难疏散、应急基础设施、应急物资等应急需求激增。复合灾害事件的复杂性、风险性和危险性，会因疏散人群的聚集而放大。2008 年汶川发生了特大地震，同时面临高温天气和大雨威胁，避难场地严重不足，灾民无序避难，安置困难。同年还有南方雪灾，广州白云机场和火车站滞留了大量旅客。这些事件反映出在多元自然灾害发生的情况下，我国的避难体系不够完善，存在重要避难设施不能满足避难要求的问题。为降低灾害的人员伤亡率，如何在灾害发生后迅速组织政府及社会力量投入应急疏散中以提高疏散效率，显得尤为重要。

1.1.3 城市防灾减灾工作的新要求

自党的十八大以来，我国对构建现代化国家治理体系和治理能力的认识不断加强，城市防灾规划面临着由传统规划向灾害综合治理转型的需求。2016 年 7 月 28 日，习近平总书记在唐山调研考察时就防灾减灾救灾发表了重要讲话，提出"两个坚持、三个转变"，即坚持以防为主、防抗救相结合，坚持常态减灾和非常态救灾相统一，努力实现从注重灾后救助向注重灾前预防转变，从应对单一灾种向综合减灾转变，从减少灾害损失向减轻灾害风险转变，全面提高全社会抵御自然灾害的综合防范能力。同时，我国城市规划建设中也强调要不断优化面向综合防灾的避难疏散体系（图 1-1）。

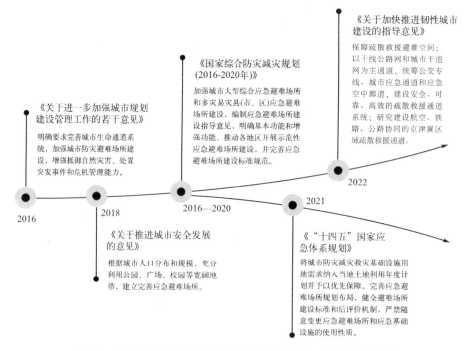

图 1-1 我国城市防灾减火工作对丁避难疏散体系建设的新要求

《"十四五"国家应急体系规划》指出，应当聚焦灾害事故防控基础问题，强化多学科交叉理论研究，开展重大自然灾害科学考察与调查。整合利用中央和地方政府、企业以及其他优势科技资源，加强自主创新和"卡脖子"技术攻关；实施重大灾害事故防治、重大基础设施防灾风险评估等国家科技计划项目，制定国家重大应急关键技术攻关指南，加快主动预防型安全技术研究。规划中也明确提出，要加强重大复合灾害事故动力学演化与防控、提升重大灾害事故过程数值模拟技术；多灾种耦合模拟仿真、预测分析与评估研判技术以及城市基础设施灾害事件链分析技术；加快研发区域综合风险评估、自然灾害与事故灾难耦合风险评估等关键技术，编制城市公共安全风险评估、重大风险评估和情景构建等相关技术标准。因此，为更好地实现科学的综合防灾规划，以复合灾害视角对城市灾害问题进行深入剖析，开展面向多灾种避难疏散体系规划建设、增强城市综合防灾减灾能力势在必行。

1.2 城市避难疏散体系

避难疏散作为一个灾后行为过程，是在避难疏散体系内完成的，在避难疏散过程中避难人员所遭受的风险大小，与避难疏散体系的各构成要素的灾后服务能力情况密切相关。

为满足城市防灾减灾需要，规范城市应急避难场所建设，许多城市出台了相关规划及建设标准。比如《江苏省城市应急避难场所建设技术标准》DB32/T 3709—2019、《应急避难场所建设规范》DB41/T 1754—2019 等。国家标准《防灾避难场所设计规范》GB 51143—2015、《城市综合防灾规划标准》GB/T 51327—2018 等，也对避难场所的总体布局、应急交通、消防与疏散、设施设计与配置提出了详细要求，从而保证避难疏散体系应急服务功能的有效发挥。

在避难疏散体系的概念理解上，王薇从防灾空间的角度进行解读，认为避难疏散空间体系涵盖以下几种类型：由城市防灾设施用地形成的防灾建设空间（可以简单概括为救灾空间）；由人们逃生、避难行为模式形成的防灾开放空间（可以简单概括为避灾空间）。刘朝峰等认为，避难疏散体系并不是单独指应急避难场所，而是由：一、不同等级的避难场所及内部配套应急设施和救灾道路相互配合，实现受灾群众的紧急避难和避难人群的安全转移；二、切实保证与城市其他防灾救援系统的紧密联系，如消防、公安、医疗、物资供应、应急指挥、维护管理等，两方面共同构成"点—线—面"的城市避难疏散体系。李宁等针对灾后现状，认为应建立城市避难疏散、应急救援等各方面的体系，从而建立以避难疏散为主的防灾空间结构体系。基于防灾分区的划分，城市的疏散防灾空间体系是由城市的主要干道、绿地、公园、体育场等可以作为疏散场地的区域组成，从而形成"点—线—面"的疏散救援体系，通过设置公路、水路和空中救援的方式形成立体式的防灾空间结构体系。

综上，避难疏散体系是引导人们在灾情紧张时撤离灾害危险度高的住所和活动场所的空间及设施系统。避难疏散体系由避震疏散场所、疏散通道、配套应急设施三部分组成（表1-1）。避震疏散场所是进行疏散人员安置的基础，避震疏散通道是保障灾民顺利、及时疏散至疏散场所的必要路径，而配套设施则是有效保障避震疏散场所功能实现的必备设施。

避难疏散体系的构成要素   表 1-1

避难场所		应急设施		避难疏散通道	
紧急避难场所	用于避难人员就近紧急或临时避难的场所，也是避难人员集合并转移到固定避难场所的过渡性场所	应急保障基础设施	在灾害发生前，应急避难场所已经设置的，能保障应急救援和抢险避难的应急供水、供电、交通、通信等基础设施	疏散主干道	在大震下需保障城市抗震救灾安全通行的城市道路，主要用于连接城市中心或固定疏散场所、指挥中心和救灾机构或设施，一般从城市主干路中选取
固定避难场所	具备避难宿主功能和相应配套设施，用于避难人员固定避难和进行集中性救援的避难场所	应急辅助设施	为避难单元配置的，用于保障应急基础设施和避难单元运行的配套工程设施，以及满足避难人员基本生活需要的公共卫生间、盥洗室、医疗卫生室等应急公共服务设施	疏散次干道	在中震下能保障城市抗震救灾安全通行的城市道路，主要用于人员通往固定疏散场所，一般从城市主干路或次干路中选取
中心避难场所	具备服务于城镇或城镇分区的城市级救灾指挥、应急物资储备分发、综合应急医疗卫生救护、专业救灾队伍驻扎等功能的固定性避难场所			疏散通道	用于居民通往紧急疏散场所的道路

1.2.1 避难场所

避难场所设计的要求主要是在国家相关标准的基础上，根据实际情况合理制定的。通常情况下，避难场所是指配置应急保障基础设施、应急辅助设施及应急保障设备和物资，用于因灾害产生的避难人员生活保障及集中救援的避难场地及建筑。避难场所设计应包括总体设计、避难场地设计、避难建筑设计、避难设施设计、应急转换设计等。在《防灾避难场所设计规范》GB 51143—2015 中，规定避难场所按照其配置功能级别、避难规模和开放时间，可划分为紧急避难场所、固定避难场所和中心避难场所三类。其中，固定避难场所按预定开放时间和配置应急设施的完善程度可划分为短期固定避难场所、中期固定避难场所和长期固定避难场所三类（具体总结见表 1-2）。

紧急、固定避难场所责任区范围的控制指标   表 1-2

类别	有效避难面积（hm²）	避难疏散距离（km）	短期避难容量（万人）	责任区建设用地（km²）	责任区应急服务总人口（万人）
长期固定避难场所	≥5.0	≤2.5	≤9.0	≤15.0	≤20.0
中期固定避难场所	≥1.0	≤1.5	≤2.3	≤7.0	≤15.0
短期固定避难场所	≥0.2	≤1.0	≤0.5	≤2.0	≤3.5
紧急避难场所	—	≤0.5	—	—	—

在《城市社区应急避难场所建设标准》（建标 180-2017）中，进一步针对社区指标特征对城市社区应急避难场所建设规模进行了分类，规定城市社区应急避难场所建设规模应依据社区规划人口或常住人口数量确定（具体总结见表 1-3），可以发现，以社区为尺度的避难场所设计是围绕着紧急避难场所规划进行的。其中，将城市社区应急避难场所分为三类，并要求城市社区应急避难场所的服务半径不宜大于 500m，避难疏散通道的有效宽度不应小于 4m。

城市社区应急避难场所建设规模分类表 表 1-3

类别	社区规划人口或常住人口(人)
一类	10000～15000
二类	5000～9999
三类	3000～4999

除以上的国家标准外,对避难场所提出分级分类及相关建设要求的国家标准还包括:《地震应急避难场所场址及配套设施》GB 21734—2008、《城市抗震防灾规划标准》GB 50413—2007、《城市综合防灾规划标准》GB/T 51327—2018、《城市绿地防灾避险设计导则》(建办城〔2018〕1 号)、《城镇应急避难场所通用技术要求》GB/T 35624—2017 等。根据上述标准,疏散场地规划规范的主要内容可以概括为技术指标、选址评价、布局优化和责任区设置,汇总其中的各项指标数据,得出控制指标见表 1-4～表 1-7。

地震应急避难场所各项控制指标 表 1-4

指标	Ⅲ类地震应急避难场所	Ⅱ类地震应急避难场所	Ⅰ类地震应急避难场所
可安置受灾人员时长(d)	<10	10～30	≥30
场址有效面积(m²)	—	>2000	—
人均居住面积(m²/人)	—	>1.5	—

避震疏散场所各项控制指标 表 1-5

指标	紧急避震疏散场所	固定避震疏散场所	中心避震疏散场所
人均有效避难面积(m²/人)	≥1	≥2	≥2
有效避难面积(m²)	≥1000	≥10000	≥500000
服务半径(m)	500	2000～3000	2000～3000
避难场所出入口数量(个)	≥2	≥4	≥4
场所外疏散通道有效宽度(m)	≥4	≥7	≥15

固定避难场所各项控制指标 表 1-6

指标	短期固定避难场所	中期固定避难场所	长期固定避难场所
固定避难人口数量核定	≥常住人口的15%		≥常住人口的5%
人均有效避难面积(m²/人)	2	3	4.5
有效避难面积(m²)	2000～10000	10000～50000	50000～200000
疏散服务半径(m)	500～1000	1000～1500	1500～2500

城市避险绿地各项控制指标 表 1-7

指标	短期避险绿地	中期避险绿地	长期避险绿地
总面积(m²)	≥10000	≥200000	≥500000
有效避险面积(m²)	≥4000	≥80000	≥300000
人均有效避险面积(m²/人)	≥2	≥2	≥5

除控制指标外,相关研究中还建立了指标体系,对避难场所的布局进行适宜性分析,

并根据场地安全、交通可达性、避难场所覆盖能力、服务半径、有效疏散面积、人均有效疏散面积和服务能力等指标评估避难场所规划布局是否合理。三级避难场所中，紧急避难场所普遍理解为避难人员就近紧急或临时避难场所，一般为较空旷开阔的空地，包括操场、小区绿地等。而近期规划的基础是公民的安全安置，即考虑到现有开放空间、建筑条件、人口密度，基于目前已知人口，根据现有条件规划和设计固定避难场所。此外，固定避难场所的设计开放时间最长，可以覆盖短期、中期与长期三类避难时期，而固定避难场所中的中期避难场所与长期避难场所的有效避难面积大、避难疏散距离适中，且短期容纳人数多，是城市规划中用地布局的重要考量对象。因此，本书以固定避难场所为主要研究对象，进行避难疏散风险分析与布局优化策略分析。

1.2.2 应急设施

在《防灾避难场所设计规范》GB 51143—2015 中，将应急设施定义为用于保障抢险救援和避难人员生活的工程设施，包括应急保障基础设施和应急辅助设施两类。在配置要求中，可以根据应急设施服务范围和服务人数进行分级配置，见表 1-8。在配置方法上，一类方法主要是在避难场所设计容量下，对避难人员的人均指标进行规定，其中包括平坡地面积、公共卫生间厕所数、避难建筑通风口面积、应急阶段避难人员基本用水量等；另一类方法主要是通过面积、尺寸、数量等刚性指标，对不同层级的应急设施进行配置规定，主要包括宿主面积、安全间距、宿住组团医疗卫生室面积、物资分发点面积、公共活动所面积、管理服务点面积、专业救灾队伍场地用地面积、避难建筑结构设计、避难时常用设备电力负荷分级等。

避难场所应急设施分类分级 表 1-8

分类	单独用地设置	应急保障基础设施		应急辅助设施
		城市级及责任区级	场所级	单元级
应急交通	交通道路,出入口,应急通道,应急停机坪	应急疏散通道,应急停机坪,应急停车场,应急车站和码头等	场所内应交通通道,场所出入口	出入口,配套交通道路,应急交通标志
应急供水	应急水源区(水池、水井,应急储水设施设置区域)	市政应急保障配水管线,应急储水和取水设施	场所应急水源,应急保障给水管线,配水点	净水、滤水设施,临时管线,饮水点
应急保障供电	市政应急保障供电	场所级变电站,应急发电区,应急充电站	线路,照明装置,变电装置,应急充电点	移动式发电机组,紧急照明设备,充电设备等
应急医疗卫生救护	防火分区,防火分隔,安全疏散通道,消防水源	消防站,市政消防设施	消防水江,消防水池,消防水渠,消防管网	应急消防泵,消防车,消防器材等
应急通信	应急指挥(通信监控)区	应急指挥(通信监控)中心	应急广播室,通信室房	应急广播设施
应急通风	通风机房,通风排放空间	避难建筑、地下空间设施应急通风设施通风系统及相应设备、设施		
应急排污	化粪池,应急厕所	—	污水管网	应急厕所,化粪池,污水管
应急垃圾	应急垃圾储运区	—	垃圾储运区固定垃圾站	应急垃圾储运设施,车辆

分类	单独用地设置	应急保障基础设施		应急辅助设施
		城市级及责任区级	场所级	单元级
应急物资	应急物资储备区等	区域物资储备库	场所级物资储备库	物资分发点
公共服务设施	综合服务区	—	场所级公共服务设施	配套公共服务设施

国家相关标准对应急设施配置要求，是对避难人员避难安全及避难期间基本需求的保障，在此基础上，许多研究认为避难场所还应当根据避难场所服务时间的变化，关注避难人员生理及心理需求的变化，对避难所规划的标准和实施指标进行评估与调整。徐伟等从营养系统的角度提出基于营养系统模型的避难设施配置指标，见表1-9，认为安全性、持续性、收容性、舒适性、互助性、通达性、连通性是避难时间层层递进的重要避难设施评价指标。

基于营养系统模型的避难所规划的标准和实施指标避难场所应急设施分类分级　　表 1-9

基本要求	标准	实施指标举例
活下来	安全性	区位安全,结构安全,道路的安全
	持续性(生命线维持服务)	食物和饮用水供应
轻松地活着	收容性	面积、容量
	舒适性	私人空间,低噪声休闲空间
	互助性(避难所间)	邻里避难场所的相互协助
一块儿活着	通达性(到达避难场所)	疏散路径,疏散时间
	连通性(与外界资源与信息)	与周边避难所间的连通,救助者信息
	连通性(交流与社会网络)	电视,电话

1.2.3 避难疏散通道

避难疏散通道连接避难需求点和避难场所，其服务能力是缩短避难时间、提升避难效率的重要影响因素。《城市综合防灾规划标准》GB/T 51327—2018 将其定义为应对灾害应急救援和抢险避难、保障灾后救灾和疏散避难活动的交通通道，通常包括救灾干道、疏散主通道、疏散次通道和一般疏散通道。在相关国家标准中，主要对城市疏散救援出入口数量以及衔接方式、可选形式、疏散通道等级设置、有效宽度等作出了一定要求，相关规定见表1-10。

避难疏散通道设计相关规范　　表 1-10

避难疏散通道特征		内容
疏散救援出入口	《城市综合防灾规划标准》GBT 51327—2018	大城市不得少于 4 个,中等城市和小城市不得少于 2 个,特大城市、超大城市按城市组团分别考虑疏散救援出入口设置
	《城市抗震防灾规划标准》GB 50413—2007	中小城市不少于 4 个,大城市和特大城市不少于 8 个

续表

避难疏散通道特征	内容		
衔接方式	《城市综合防灾规划标准》GBT 51327—2018	城市疏散救援出入口应与城市内救灾干道和区域高等级公路连接,并宜与航空、铁路、航运等交通设施连接	
建设要求	《城市抗震防灾规划标准》GB 50413—2007	对避震疏散主通道应针对用地地震破坏和不利地形、地震次生灾害、其他重大灾害等可能对其抗震安全产生严重影响的因素进行评价	
通道宽度	《城市抗震防灾规划标准》GB 50413—2007	紧急避震疏散场所内外的避震疏散通道有效宽度不宜低于4m	
		固定避震疏散场所内外的避震疏散主通道有效宽度不宜低于7m	
		与城市出入口、中心避震疏散场所、市政府抗震救灾指挥中心相连的救灾主干道不宜低于15m	
	《城市综合防灾规划标准》GBT 51327—2018	100万人口及以上的城市组团应考虑灾害规模效应和组团内部的应急通行,提高救灾干道、疏散主通道的有效宽度设置标准,并宜考虑救援和疏散要求分开设置	
有效宽度计算	《城市抗震防灾规划标准》GB 50413—2007	计算避震疏散通道的有效宽度时,道路两侧的建筑倒塌后瓦砾废墟影响可通过仿真分析确定;简化计算时,对于救灾主干道两侧建筑倒塌后的废墟的宽度可按建筑高度的2/3计算,其他情况可按1/2～2/3计算	
疏散距离	《防灾避难场所设计规范》GB 51142—2015	长期固定避难场所	≤2.5km
		中期固定避难场所	≤1.5km
		短期固定避难场所	≤1.0km
	《应急避难场所设计规范》DGTJ 08-2188—2015	Ⅰ类应急避难场所	5000m
		Ⅱ类应急避难场所	1000m
		Ⅲ类应急避难场所	500m

在国内,对疏散通道的研究主要与避难主体或特定空间环境相结合有关,集中于以下几个方面:人群疏散特征下避难疏散过程仿真模拟、不同类型疏散通道特征对疏散效率的影响分析、避难疏散通道的规划原则探讨、避难疏散通道的服务能力评估与优化。其中,避难疏散通道的服务能力评估是当前的研究热点,评估角度主要包括:灾后避难疏散通道的通行能力、疏散风险、安全性、避难场所可达性等方面。在针对灾害类型的选择上,徐柏刚以日本东京地区新小岩为研究对象,讨论了地震与城市内涝复合灾害情况下的成功避难比例。此外,其他相关研究主要以地震、火灾、洪涝灾害等单一灾种为背景进行展开,较少从复合灾害对疏散通道的影响的角度展开研究。

1.2.4 避难疏散过程分析

1. 复合灾害下的避难疏散阶段特征

避难疏散过程是灾害发生后,避难人员为了应对突发的灾害事件、防止或减少自身损失,从而实施疏散行为的主要阶段。疏散行为是指在各种灾害发生的紧急情况下,从各自不同的危险区域向着相同或各自不同的安全区域逃生、临时避难、远离灾害源的行为过程。当大规模灾害发生后，会进入灾后混乱时期，发生建筑物破坏事件，造成人员伤亡，交通混乱。王秋英认为，最大的灾害经常出现在灾后的 3 到 5 小时的期间内，据此可以提出灾害发生时间与灾害曲线对照图，见图 1-2。灾害强度的不断变化更容易加重避难人员的心理恐慌，造成无序疏散，例如避难人员的互相推挤、甚至造成踩踏悲剧，从而进一步加重灾情。在复合灾害背景下，无序疏散更会进一步加剧灾害危险性的叠加效应。因此，在各个阶段进行有序疏散和有效救援是灾后的重要工作。

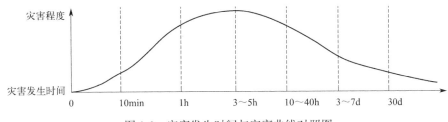

图 1-2　灾害发生时间与灾害曲线对照图

由于灾害强度变化的时序性，可以将巨大灾害的避难疏散过程分为以下五个阶段：灾后混乱期、避难行动期、避难转移期、避难生活期、家园恢复期。复合灾害涉及多个灾害同时或先后发生在灾害发生初期，随着灾害的相互作用，灾害会在一段时间内不断产生影响，这个阶段内有避难需求的人员需要紧急决策，由于灾害的接续发生，导致信息混乱，此时避难疏散会进入一定的混乱期。这个阶段，人们的避难疏散行为会受认知活动的影响，包括经验、风险预判等，此时人群的疏散行为开展过程如图 1-3 所示。

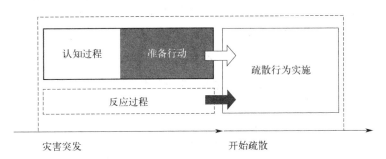

图 1-3　人群的疏散行为开展过程

经过一定的信息传递与整理，有组织的救援行动、应急指挥逐步开展，避难疏散开始有序化，从而进入避难行动期，对于房屋损坏程度较小的避难人员来说，在灾害影响减小到可接受的范围内时，部分避难人员此时会选择归家。在以上过程中，也会伴随着灾害的连续发生，导致避难疏散进入新的混乱期，或者已经进入避难场所的避难人员不得已进行二次避难。各阶段的流程示意及疏散救援组织行为特点如图 1-4 所示。对于房屋毁坏程度严重的避难人员来说，需要在避难场所内进行中长期避难，因此他们需要从紧急避难场所或短期固定避难场所转移到中长期避难场所或中心避难场所，进入避难生活期。随着家园重建，在避难场所滞留生活的避难人员得以重返家园。因此，避难疏散体系的完善，是减轻灾害损失的关键。应急管理预案以及防灾空间建设的完备，能够推动避难疏散过程的快速、有效进行。

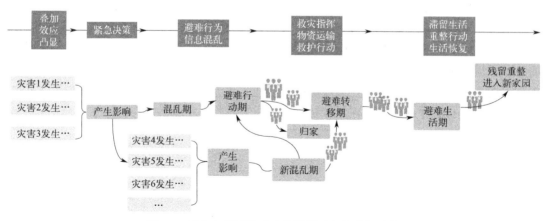

图 1-4 复合灾害下避难疏散阶段及相关特征示意

2. 避难疏散过程中的服务需求

针对以上避难疏散的五个阶段，可以将之与避难疏散体系各个组成部分可以提供的服务内容进行对应，具体对应情况见表 1-11。在灾害发生初期到避难行动期，疏散通道、疏散次干道、疏散主干道共同作为避难、救援的主要道路。在此期间，固定避难场所和中心避难场所也可以和紧急避难场所一起提供紧急避难服务。避难转移期，避难疏散活动基本趋于有序，各级疏散通道都可作为救援的主要道路，以方便及时救援。此时避难人员主要选择安全性更高的疏散次干道、疏散主干道进行疏散和避难场所间转移，避难、救援、安置服务将主要由固定避难场所和中心避难场所提供。进入避难生活期以后，避难行为基本结束，各级疏散通道道路主要作为救援道路。在家园重建期，受灾害影响而遭到破坏的避难疏散通道也进入恢复重建期，逐步恢复到正常状态。

避难疏散体系在避难疏散过程中的服务内容   表 1-11

时序		0~10min	10min~1h	1h~1d	1~3d	3~7d	>7d
		灾害发生初期	混乱期	避难行动期	避难转移期	避难生活期	家园重建期
对应避难疏散过程		灾情认知，自主开展避难		救灾活动、物资调配活动开展，有组织地进行避难安置	向中长期比固定避难场所转移	滞留生活	家园恢复重建
避难场所	紧急避难场所	提供避难服务		—			
	固定避难场所	提供避难、救援服务			提供避难、救援、安置服务		
	中心避难场所	提供避难、救援服务			提供避难、救援、安置服务		
避难疏散通道	疏散通道	避难、救援的主要道路			救援的主要道路	救援的主要道路	恢复重建
	疏散次干道				避难、救援的主要道路		
	疏散主干道				避难、救援的主要道路，具有一定的安置服务功能		

3. 避难疏散风险的概念

避难疏散体系的合理规划可以降低避难疏散风险、减轻灾害损失，是应对重大灾害事件的重要手段。

在对避难疏散风险概念的理解上，马晨晨等基于原始安全风险的概念加入敏感性因素，从可能性、严重性、敏感性3个维度进行防灾避难场所风险分析。陈宣先等将城市灾害风险评估引入到单个小城市研究中，并考虑包括风险评估在内的多目标需求对城市避难场所布局进行优化。张晨基于POI数据和GIS空间分析方法，同时还考虑到人员的日常集中位置，对避难场所进行优化研究；张小勇等从人的避难需求和避难行为视角出发，分析和研究居民选择的避难场所空间特征，提出了服务半径、可达性、空间选址和空间布局方面的规划策略。陈鹏等建立了城市暴雨内涝数值模型，基于30年一遇、50年一遇、100年一遇的暴雨情景，对居民出行困难度进行了评价。徐柏刚以防灾避难通道为研究对象，分析在复合灾害情况下研究区域的成功避难比例。当前的研究中，对避难疏散过程的分析多为避难场所规划布局服务，且较少从不确定性的角度对避难疏散风险进行探讨。安全学界在研究风险控制举措中，深入地认识到不能仅仅关注危险源所带来的外部威胁，更要关注风险承载体在扰动中的抗风险能力。

由于避难过程中，避难人员所遇到因灾害造成的阻碍最终都可以反应在避难疏散的时间上，且避难时间难以用一个精确值表示，通常是处于某个时间区间内。因此，相对于有规定避难疏散时间控制目标的条件下，避难疏散风险可以理解为在避难需求主体可接受风险水平的约束下，避难疏散时间对避难疏散风险控制目标的满足情况。

1.3 城市避难疏散空间优化研究

1.3.1 避难场所布局研究

城市中的开放空间，包括广场、公园和绿地等，以及学校的校园旷地、操场等大型开敞空间，在"科学规划与合理建设，并且进行后续的规范维护与管理的基础上，可以在灾时承担安全避难、保障市民生存基本需求、等候救援、进行避难指挥等功能"，当震灾破坏严重时，还可以容纳避难人群短时间内在此安全生活。

避难场所布局研究分为三个方面：一是避难场所布局合理性评价方法建立，是后续优化研究的前提；二是避难场所空间布局的选址优化，通过算法模型得出合理的选址方案；三是避难场所责任区划分，实现最高疏散效率。避难场所布局的科学性与合理性对灾时人群疏散的高效性与安全性有很重要的影响，本书主要涉及避难场所空间布局的选址优化，核心是选址决策模型，优化模型经历了从单目标到多目标的发展过程，确定型选址模型中常用的有P-Median模型、P-Center模型、LSCP模型和MCLP模型四类经典模型，见表1-12。综合考虑到避难场所的建设成本、服务效益和社会公平等问题，更多学者提出了多目标优化模型，其目标包括总疏散距离最小、疏散路径安全性最优、需求区超额覆盖最大、避难场所利用率最大、避难场所数量最少等。在此基础上，根据不同防灾需求视角和灾害情景可对其进行改进，如对P-Median模型改进提出R-Interdiction模型判别应急服务设施中的核心关键设施，模拟突发应急事件状态下的设施和服务能力损失。这四类经典模

11

型其本质是不同应急服务设施在不同灾害情景下的经济性、效率性、公平性多目标优化决策，针对不同复合灾害情景，还可考虑建设费用、应急服务容量和需求、可利用性和适宜性条件、应急道路交通环境等限制性因素或优化目标。城市应急服务设施优化配置的核心是"供给-需求"的时空平衡，ArcGIS、大数据和时空数据挖掘技术为其精细和精准化提供了新技术，如易嘉伟等研究了基于大数据的极端暴雨事件下城市道路交通及人群活动时空响应特征，Dell、LIN 等利用 GIS 和智能优化算法解决医疗救助设施、消防站点的优化选址和策略问题。同时，考虑灾害不确定性影响，于冬梅、陈刚等研究了可靠性设施、应急医疗移动医院选址鲁棒优化模型与算法问题。针对复合灾害情景，翟国方、徐柏刚等分别进行了城市综合避难场所规划的多灾种（地震-洪水）应对方法和复合灾害（地震-暴雨内涝）下应急避难政策及疏散受损评估研究。

在模型算法方面，对于简单模型，可利用 GIS 的空间分析技术和算法设计实现，对于多目标约束下的复杂模型，多通过优化算法进行求解。

确定型选址模型总结

表 1-12

模型	目标函数	特点	应用
位置集合覆盖模型 LSCP	最小化设施数目	覆盖所有需求点	应急服务设施
最大覆盖模型 MCLP	最大化覆盖需求	给定 p 设施，不要求覆盖所有需求点	应急服务设施（如避难、消防等）
P 中值模型 P-Median	最小化加权距离总和	给定 p 设施，不涉及覆盖	普通型设施（及时性要求不高）、应急服务设施
P 中心模型 P-Center	最小化最大距离	给定 p 设施，不涉及覆盖	普通型设施（及时性要求不高）、应急服务设施
备用覆盖模型 BACOP	最大化覆盖需求两次	给定 p 设施，不要求覆盖所有需求点	应急服务设施
无/有容量限制设施选址模型 UFLP/CFLP	最小化变动和固定成本	考虑固定费用/考虑设施容量	普通型设施

1.3.2 疏散通道规划研究

"疏散通道"在已有研究中尚未有明确的定义，通常指用于灾害突发时，可供受灾人群疏散至避难场所等安全地带的道路及其他空间（如闲置空地），以及灾后应急救灾等抢救避难的交通通道。在国内外防灾避难的相关研究中，还有"避难道路""疏散道路""应急通道""疏散救灾路径"等多种称谓。在本文中，取"疏散通道"作为表述方式。疏散通道包括救灾干道、疏散主干道、疏散次干道和一般疏散通道等，完善的疏散通道网络是避难场所的良好支撑，是避难疏散空间体系的重要组成部分。目前，疏散通道的相关研究主要集中在三方面：一是疏散通道等级划分，灾时不同等级疏散通道承担与之相对应的疏散功能；二是人群疏散行为方面，构建需求点到避难场所的合理疏散路径网络；三是关于疏散通道自身通达性和安全性研究。

关于疏散通道等级划分原则，一种是按照道路宽度进行划分，二是结合消防设施、避难场所及医院等应急设施的位置进行等级划分。崔晓莉结合防灾规划中防灾设施的位置运用 ArcGIS 中的最短路径模型，构建了救灾干道、疏散主干道和疏散次干道的疏散通道体系。疏散路径网络规划方面，最常用的最短路径相关模型已较为成熟，选择最短疏散路径并不等于高效疏散，人员在疏散至最近避难场所的过程中可能会产生拥堵，反而使总疏散时间变长。随着计算机技术发展，模型求解能力得到大幅提升，可以更多地考虑疏散安全性、道路通行能力等多约束条件下的疏散路径网络规划，例如，吴正言等引入惩罚函数，提出的新算法可以将人流分配到安全性、通行能力更高的疏散通道上；另外有学者考虑疏散时间、疏散过程中的拥堵、避难场所容量等因素下的疏散路径网络规划。在疏散通道自身通达性和安全性的研究中，何晓丽利用灰关联法，从宽度控制等五个方面提升避难道路安全性；美国2002年"国家首都城市设计和安全计划"针对重要疏散通道提出街道断面6区划分和安全设计的提升措施；日本常结合城市更新计划，对疏散通道两侧的危险建筑物进行防震、阻燃化改造，同时对街道铺装材质、车辆停留位置等进行严格控制，在保障日常畅通的前提下提升防灾性能。

1.3.3 避难疏散仿真模拟研究

人是避难活动的主体，但传统研究多偏重于对避难疏散体系的空间研究，而忽视人群避难行为对避难空间规划的影响，易使评估发生偏差，进而导致人群需求与避难空间布局匹配度低，资源配置不合理。近年来，避难疏散领域的学者越来越重视人群避难行为并以此为切入点开展研究，其中运用数字技术开展避难疏散仿真模拟可以较好地将人群行为与避难疏散空间体系评价优化相结合，因而成为该方向研究的一个重要方式。数字仿真模拟技术发展至今，已经出现多种理论模型可以用于人员疏散，包括社会力模型、元胞自动机模型、气体动力学模型、排队模型等，从适用尺度可以分为宏观模型、中观模型和微观模型，对应到城市研究可分为城区尺度、控规单元尺度、地块单元尺度以及建筑单元尺度。基于以上模型，相继有不同的仿真模拟软件被开发出来，包括 AnyLogic、Simulex、STEPS、Pathfinder 等，已被相关规划学者应用在不同尺度的避难空间研究中，例如，季珏等运用 NetLogo 实现了北京市海淀区的疏散模拟，研究证明，传统规划中仅依靠服务半径覆盖率这一指标评估避难场所布局的合理性存在不足；於家等基于 GIS 平台构建了应急疏散智能体模型，并应用于上海市静安区的避难空间配置中；朱剡运用 STEPS 进行了历史地段的疏散模拟，针对疏散问题提出了相应优化策略。

目前可用于避难疏散模拟的计算机软件已多达 20 余种，适用范围涵盖了城区、片区、街区及建筑内部等多个尺度，研究选取 6 种主流疏散仿真模拟软件，从基础算法、适用尺度及优劣势四个方面对已有仿真模拟软件进行对比分析，如表 1-13 所示。

疏散仿真模拟软件对比 表 1-13

软件	基础算法	适用尺度	优势	劣势
AnyLogic	社会力模型	中、微观多尺度	更符合人群避难疏散行为，适用于多尺度模拟	模拟过程复杂，用时较长
Buiding EXODUS		多用于建筑内部	多模块，适用于多种危险情形下的模拟	疏散路径较为确定，真实性差
Simulex	元胞自动机	建筑内部	可以模仿较多情形下人类行为，包括心理方面的内容	模拟较为复杂，不适合大尺度区域研究

续表

软件	基础算法	适用尺度	优势	劣势
NetLogo		大学校园、步行商业街等	操作较为简单、编程语言为 logo 语言，贴近自然语言，对非编程背景的研究人员较为友好	模拟受主观调试者影响较大
STEPS	细胞自动机模型	街区尺度	使用便捷、输入信息完整、输出数据直观有效	适合模拟中观步行场景疏散，不能进行二次开发
SinWall	社会力模型	建筑内部	考虑了人与人、人与空间之间的行为影响，真实性高	不能二次开放

1.4 多智能体复杂系统建模方法

1.4.1 多智能体的仿真模拟

模拟仿真指的是对真实事物或者过程的虚拟。模拟的关键问题包括获取有效信息、确定关键特性、近似简化和应用假设，以及如何有效重现模拟过程。模拟的过程一般分为确定问题、收集数据、建立模型、鉴定和证实模型、设计模拟方案、进行模拟以及分析结果七个阶段。

在计算机仿真中，智能体（Agent）广义上是指所有能够独立思考、与其他智能体和环境发生交互作用，并采取相应行为的实体，狭义上指的是虚拟环境中的模拟实体。其基本结构如图 1-5 所示。

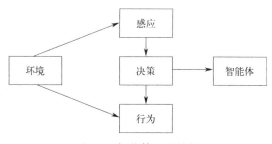

图 1-5 智能体基本结构

智能体的基本性质概括如下（表 1-14）：

（1）自治性：即智能体的自我控制能力，环境很难直接控制智能体，只能在一定程度上对智能体产生影响。

（2）自律性：智能体具有处理信息、独立决策以及控制自身状态的能力，并可以与其他智能体进行信息交换。

（3）反应性：智能体能与环境产生交互作用，从而采取相应的行为。其中不仅包括被动对环境的变化做出反应，还包括在特定情况下主动采取行动。

（4）社会性：智能体并不是独立存在的，其可以与其他智能体产生交互，从而形成一个多智能体群体。

（5）进化性：智能体具有强人的学习能力，能不断学习知识或累积经验。

智能体（Agent）基本性质　　　　　　　　　　　表 1-14

性质	具体含义
自治性	智能体的自我控制能力
自律性	处理信息、独立决策以及控制自身状态的能力
反应性	与环境交互作用产生相应的行为
社会性	与其他智能体产生交互
进化性	不断学习知识或累积经验

另外，根据智能体数量、类别等，将智能体系统分为单智能体系统和多智能体系统。高密度社区内部建筑物密度较大，疏散人员众多，更加适用于多智能体系统。

1.4.2　NetLogo 软件介绍

NetLogo 最初是在 1999 年由 Uri Wilensky 首次研究，由美国西北大学关联学习及计算机基础建模中心开发的一种通过 Java 实现对自然和社会现象仿真模拟的 Agent 建模软件。它以易于学习掌握的 logo 语言作为编程语言，并配备了丰富的模型库供用户免费使用学习，且界面简洁、图形交互能力强以及适应于复杂环境的建模。

NetLogo 模型中主要包括以下四种元素：

（1）瓦片（Patches）是构成 NetLogo 中二维空间的关键因素，是二维空间不可移动的网格。每个瓦片都是真实环境中的一个单元。在本文的模型中，瓦片集合代表的是人员疏散区域和应急避难场所。

（2）海龟（Turtles）是 NetLogo 世界中的可移动实体，每个海龟都代表一个被赋予特定属性的独立行为智能体。在模型中，海龟可以按照一定的行为规则在瓦片上移动。即疏散人员。

（3）链接（Links）是连接两个海龟的主体，两个海龟即该链接的两个节点，表示两个海龟之间的最短距离。链接有长短之分，也有有向和无向之分。在本文模型中，链接是指高密度住区内部的道路网络。

（4）观察者（Observer）是整个模型的监控者，主要负责观察模型中的海龟和瓦片等主体集合，通过发布指令调用任何主体。

1.4.3　AnyLogic 软件介绍

AnyLogic 仿真软件是一款应用广泛的，具有专业虚拟的原型环境，用于设计离散、连续和混合系统行为建模和仿真的工具。其由俄罗斯 XJ Technologies 公司开发，利用最新的系统设计方法，凭借强大的基于 UML 语言的面向对象建模方法、基于方图的流程图建模方法及 Java 等多种建模方法，成为全球唯一可创建真实动态模型的可视化工具。AnyLogic 的行人库是由商业应用发展而来的，首先用户可以将自己画好的 AutoCAD 图等导入 AnyLogic 中，形成背景底图，然后用户可以通过将仿真软件中行人库的空间标记相应的模块拖入到模型中生成想要的环境设施，比如墙壁、楼梯、柱子等，选择相应的模块点击右键可通过改变参数设置合适属性。同样地，行人行为通过拖入行人行为模块，将其连接起来构成流程图，表示行人仿真期间使用步骤，以此来确定路线。此外，AnyLogic

仿真软件还可以采集数据、显示行人流密度等，比如人员行走时间、区域的人数等。

AnyLogic 仿真软件应用了社会力模型来模拟行人流，社会力模型最初是由 Helbing 等人在 Bolzman 运动方程的基础上构建的。它的基本原理是：认为行人运动除了受自身影响外还受外界障碍的影响，其中自身目的是内在因素，周围环境是外在因素，内外两种因素共同构成了行人运动的动力，这样就可以将行人的运动看作是系统合力的结果。社会力模型中把行人当作受力对象来研究，因此行人受到的合力包括以下三个方面：（1）自驱动力，行人自身给自己施加的"社会力"，主要表现为行人自身对目的地的渴望；（2）行人与其他行人间的作用力，一个是随行人与他人之间距离递减的社会心理作用力，另一个是当行人与其他行人发生身体接触时产生的物理力；（3）行人与外界障碍间的作用力，也包括社会心理作用力和物理力，力的大小与距离的关系类似于行人与他人间的作用力。在基于社会力模型的 AnyLogic 行人流模型中，人员智能体会以期望的速度移动至目的地，行进过程中共受到三种作用力影响：行人主观意愿的驱动力——人员智能体主动驱动自身的"社会力"、行人间的作用力——人员智能体间相互排斥以保持一定距离的"社会力"、行人与环境间的作用力——人员智能体与边界、障碍物等环境间的排斥效应，以上"社会力"效应可用如下方程式进行描述：

$$\frac{d\vec{r_\alpha}}{d_t}=\vec{v_\alpha} \tag{1-1}$$

$$\frac{d\vec{r_\alpha}}{d_t}=\vec{f_\alpha}(t)+\vec{\xi_\alpha}(t) \tag{1-2}$$

$$\vec{f_\alpha}(t)=\vec{f_\alpha^0}(\vec{v_\alpha})+\vec{f_{\alpha B}}(\vec{r_\alpha})+\sum_{\beta(\neq\alpha)}\vec{f_{\alpha B}}(\vec{r_\alpha},\vec{v_\alpha},\vec{r_\beta},\vec{v_\beta})+\sum_{\beta(\neq\alpha)}\vec{f_{\alpha_t}}(\vec{r_\alpha},\vec{r_t},t) \tag{1-3}$$

式（1-1）代表运动学方程，$\vec{r_\alpha}$ 为行人 α 的空间位置向量，$\vec{v_\alpha}$ 为行人 α 的速度；式（1-2）代表行人加减速与方向变化的方程，$\vec{f_\alpha}(t)$ 为社会力，$\vec{\xi_\alpha}$ 为反映随机行为偏差的参量；式（1-3）代表社会力方程，$\vec{f_\alpha^0}(\vec{v_\alpha})$ 为加速力，$\vec{f_{\alpha B}}(\vec{r_\alpha})$ 为人与边界之间的作用力，$\vec{f_{\alpha B}}(\vec{r_\alpha},\vec{v_\alpha},\vec{r_\beta},\vec{v_\beta})$ 为行人 α 与 β 间的作用力，$\vec{f_{\alpha_t}}(\vec{r_\alpha},\vec{r_t},t)$ 为吸引效果。社会力模型行人受力示意图如图 1-6 所示。

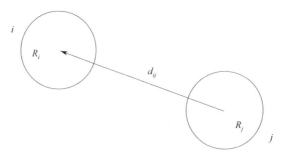

图 1-6　社会力模型行人受力示意图

1.5　本书的内容与结构

第 1 章绪论，概述了城市应急避难疏散体系的构成与研究现状。第 2 章、3 章以城市社区为研究对象，分析高密度社区震后的真实环境以及避难空间改变对人员疏散心理及行为的影响，建立基于多智能体的震后高密度社区应急疏散模型，提出高密度社区应急疏散优化设计方法。第 4 章针对城市片区震后人员固定避难无序性，结合固定避难场所对疏散人员吸引关系与多情景模拟仿真方法，分析多类型城市片区人口及地理空间特点对受灾人员固定避难的影响，构建基于多智能体的震后片区疏散仿真模型，提出片区的固定避难空间规划设计方法。第 5 章应用复杂网络理论构建城市片区固定避难空间网络模型，并进行固定避难需求动态仿真，基于网络特性模拟不同场所破坏情景下片区的避难需求变化，为震后片区避难资源合理配置提供科学的决策支持。第 6 章针对地震-暴雨复合灾害避难疏散空间规划和人员疏散展开研究，量化分析避难疏散空间，构建不确定失效情景避难场所选址模型，并对多水准选址结果进行分析和模拟，为避难疏散提供科学依据。

第2章
城市社区人员应急避难疏散空间仿真及优化

2.1 问题描述及模型假定

本章研究的应急疏散问题是指在地震后的紧急疏散阶段，处于危险状态下的高密度社区居民以最快速度安全疏散到最近的应急避难场所中。在疏散过程中，由于人员的基本属性、心理状态以及对社区环境的了解程度不同，体现出不同的疏散行为。为了更加真实的模拟震后人员疏散过程，本章将分析人群的疏散时间以及不同应急避难场所的使用效率，进而评价各个应急避难场所布局的合理性和有效性。

分析震后人员疏散过程中的不同影响因素，构建震后高密度社区的人员疏散仿真模型，采用 NetLogo 仿真软件，模拟震后应急避难空间的疏散行为。模型基本假设如下：

（1）疏散人员总数不变，即模型中不考虑疏散过程中的人员伤亡情况；

（2）人员疏散过程中不允许出现往返行为；

（3）当疏散路径中的某一路段因建筑物倒塌坠落物而无法正常通行时，视该路段不能按照正常移动速度通行，受阻后居民疏散速度降低；

（4）社区居民选定某一避难场所后，无论在疏散过程中遇到什么情况，一般都不会改变所选择的疏散目的地；

（5）应急避难场所的容量是根据现行《防灾避难场所设计规范》GB 51143—2015 的定量指标计算得到的；

（6）高密度社区内部道路宽度较窄，对车辆通行能力的限制较大。故本章仅选择步行疏散作为人员应急疏散的唯一方式，即只考虑人员的步行疏散仿真。

采用 NetLogo 仿真平台实现高密度社区应急避难空间的疏散行为模拟，主要包括以下几个方面：

（1）生成基于 GIS 的社区环境、内部路网和应急避难场所的空间分布；

（2）分析震后社区应急疏散人员的行为及心理特性；

（3）确定社区的待疏散人群及其空间分布，并进行人员初始化以及设定仿真运行规则，包括人员基本属性、初始位置、疏散速度以及疏散目标；

（4）根据有无受阻路段、有无恐慌心理、有无合作结伴行为，开展震后不同情景下的人员应急疏散模拟；

（5）社区应急疏散仿真结果分析。

2.2　震后高密度社区应急疏散人员空间分析

2.2.1　社区疏散信息及构成

高密度社区中的疏散信息主要由疏散人员、建筑物、应急避难场所及疏散路径构成。

（1）社区疏散人员的疏散信息主要包括：性别及年龄等基本属性、疏散行为特征、疏散心理状态以及对社区环境的了解程度。

（2）社区建筑物的疏散信息主要包括：各个住宅建筑的占地面积、层数、人均占地面积、待疏散人数以及倒塌情况。

（3）社区应急避难场所的疏散信息主要包括：各个应急避难场所的可容纳人数及空间布局。

（4）社区疏散路径的疏散信息主要包括：道路宽度以及受建筑坠落物影响的道路有效宽度。

2.2.2　高密度社区空间数据获取与处理

为了实现高密度社区人员应急疏散模拟，需要获取两种地理空间数据，即建筑物地理空间数据以及应急避难场所地理空间数据。选取江苏省如皋市城西区健康西村和健康新村社区为研究区域，其中健康西村和健康新村社区均为"一"字形平面布局。健康西村社区总占地面积约为 $29061m^2$，建筑物总占地面积约为 $11935m^2$，建筑密度约为 41.1%；健康新村社区总占地面积约为 $22989m^2$，建筑物总占地面积约为 $8506m^2$，建筑密度约为 37.0%。

采用 BigMap 下载研究区域的建筑轮廓，利用 AutoCAD 完善研究区域环境，包括社区住宅建筑和应急避难场所的轮廓图；将绘制好的研究区域环境轮廓图导入 ArcGIS 10.2.1 中，运用 GIS 技术对研究区域的空间要素数据进行预处理，根据环境的不同属性创建点、线、面要素，以区分不同类型的环境因素，得到该区域的建筑物和避难场所地理空间数据，如图 2-1 所示。

通过 GIS 转换工具，将建筑物和避难场所数据要素类转换为 shapefile 文件，利用 NetLogo 中的 GIS Extension 扩展模块将建筑物和避难场所地理空间数据的 shapefile 文件导入 NetLogo 仿真平台中作为社区疏散模拟环境，从而构建了高密度社区应急疏散的空间环境模型，如图 2-2 所示。

2.2.3　高密度社区疏散人员的空间分布

为了获取精度较高的疏散人口分布数据，估算高密度社区内部各栋住宅建筑中的疏散人员数量。虽然影响人口空间分布的因素很多，但是建筑物容量是精确估算建筑物内部人员数量的最重要因素。

首先，根据《建筑气候区划标准》GB 50178—1993 规定，江苏省如皋市属于夏热冬冷区域（即气候Ⅲ区）。在确定建筑气候区划的基础上，根据《城市居住区规划设计标准》

19

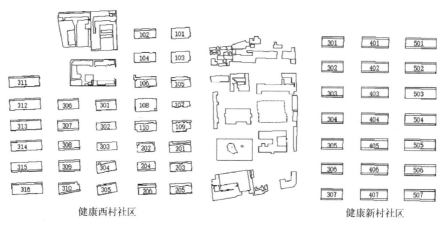

健康西村社区　　　　　　　　　　　　　　　　健康新村社区

图 2-1　建筑物和避难场所地理空间数据

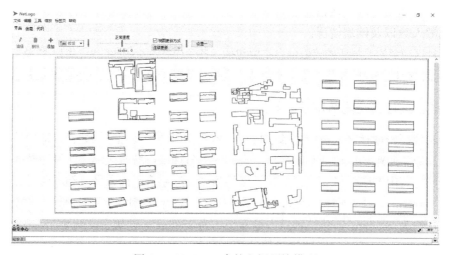

图 2-2　NetLogo 中的空间环境模型

GB 50180—2018 可以确定研究区域内不同建筑类别的人均住宅用地面积，见表 2-1。

不同建筑类别的人均住宅用地面积　　　　　　　　　　　表 2-1

建筑类型	层数（层）	建筑高度（m）	人均用地面积（m²/人）
低层	1～3	18	36
多层Ⅰ类	4～6	27	27
多层Ⅱ类	7～9	36	20
高层Ⅰ类	10～18	54	16
高层Ⅱ类	19～26	80	12

　　采用按照建筑面积估算疏散人数的方法，如公式(2-1)所示。其中，P 为该研究区域内需要疏散的人员数量；P_i 为该区域内第 i 个建筑物内部的疏散人数（$i=1,2,3,\cdots,n$）；S_i 指的是该区域内第 i 个建筑物的建筑实用面积（m²）；N_i 指的是该区域内第 i 个建筑物的层数；A_i 指的是该区域内第 i 个建筑物的人均用地面积（m²/人）；地震灾害作用下实际需要疏散人数按照总人口的 70% 计算。

$$P = \sum_{i=1}^{n} P_i \tag{2-1}$$

$$P_i = S_i \times N_i / A_i \times 0.7$$

健康西村社区中的住宅建筑属于多层Ⅰ类,共 32 栋住宅建筑,每栋建筑高度 27m,每栋层数为 6 层;健康新村社区中的住宅建筑属于多层Ⅰ类,共 21 栋住宅建筑,每栋建筑高度 27m,每栋层数为 6 层。利用百度地图对健康西村和健康新村各个住宅建筑的占地面积进行测绘,最终计算得到健康西村和健康新村的疏散人数。

总疏散人数为 3181 人,疏散人员空间分布情况如表 2-2 所示。设定社区中不同类型的疏散人员数量比例,其中儿童:成年男性:成年女性:老人=1:5:3:1。故健康西村社区中,儿童共 186 人,成年男性共 929 人,成年女性共 557 人,老人共 186 人;健康新村社区中,儿童共 132 人,成年男性共 662 人,成年女性共 397 人,老人共 132 人。

疏散人员空间分布   表 2-2

社区	建筑单元	人员分布(人)
健康西村社区	101,103,105,107,109	50
	102,104,106,108,110,311,312,313	63
	201,203,205,306,307,308,309,310	58
	301,302,303,304,305	62
	314,315,316	60
健康新村社区	301,302,303,304,305,306,307	56
	501,502,503,504,505,506,507	70
	401,402,403,404,405,406,407	63

2.2.4 次生坠落物对社区空间影响分析

建筑物的倒塌破坏是地震灾害的主要次生灾害之一。在历次大地震中,建筑物倒塌不仅会造成大量的人员伤亡和财产损失,而且震后建筑物倒塌所产生的结构坠落物会减小道路有效宽度,造成疏散路径堵塞,从而严重影响人员疏散过程和救灾工作的进行。结构坠落物是指建筑结构在倒塌过程中发生非结构构件从建筑主体中脱落的现象,如图 2-3 所示。

图 2-3 地震作用下的建筑物倒塌坠落物影响

地震作用下建筑物倒塌是一个复杂的过程，在地震的持续性作用下，建筑物倒塌由局部或整体的初始破坏、解体离散、瓦砾堆积等不同性质的破坏过程共同组成。建筑物倒塌的影响距离主要包含两个主要内容：（1）主要影响距离，指的是地震作用后原有建筑范围之外的坠落物堆积的主要分布范围；（2）安全避难距离，不仅包括坠落物堆积的主要影响距离，还包括由于地震中建筑结构之间以及结构与地面之间相互摩擦、挤压或碰撞出现的"飞石"现象所造成的影响范围。在此仅考虑建筑物倒塌坠落物的主要影响距离。

在高密度社区内部，地震作用下建筑物倒塌坠落物分布规律呈现出靠近建筑物的区域坠落物分布密集，远离建筑物的区域坠落物分布稀疏的规律。从概率学的角度可知，越靠近建筑物，建筑物倒塌坠落物的影响越大，而建筑物倒塌坠落物对道路有效宽度的主要影响距离与建筑物高度存在直接关系。由于缺乏详细的建筑倒塌坠落物分布震害调查，对建筑倒塌坠落物主要影响距离的研究甚少，因此缺少确定地震作用下建筑倒塌坠落物对道路有效宽度影响的统一标准。首先，根据震害经验，确定建筑倒塌坠落物的影响范围为$H/2 \sim 2H/3$，其中 H 为建筑高度。研究区域内高密度社区的建筑高度均为 27m，因此，地震作用下建筑物倒塌的影响范围为 13~18m，取最小影响范围 16m。

其次，根据《城市居住区规划设计标准》GB 50180—2018，居住区范围内步行道路有效宽度不应小于 2.5m，取值 2.5m；连接城市主干道的主要附属道路有效宽度不应小于 2.0m，取值 5.0m。而居住区内步行道路的道路红线（即规划的城市道路用地的边界线）宽度一般在 2~4m，取值为 4m；连接城市主干道的附属道路的道路红线一般在 10~14m，取值为 14m，故步行道路宽度为 6.5m，主要附属道路宽度为 19m。

基于 GIS 缓冲分析方法，建立道路网络，添加新属性"道路宽度"，并为步行道路和主要附属道路设置不同的道路宽度值，随后对住宅建筑进行缓冲区分析，缓冲区距离设置为 16m，得到如图 2-4 所示的缓冲区分析结果。由缓冲区分析结果可知，针对步行道路，建筑坠落物基本覆盖道路，处于堵塞状态，进而基本丧失了正常通行能力；针对连接城市主干道的主要附属道路，道路受建筑坠落物的影响较小，基本可以保持原有的道路通行能力，基本可以设定为完全畅通。

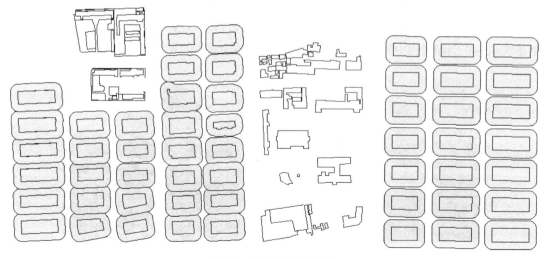

图 2-4 缓冲区分析结果

据式(2-2)计算得到震后道路宽度，其中 Nw 为震后道路宽度，Ow 为震前道路宽度，a 为建筑层数，2.6 为建筑物的平均层高，0.5 为一般建筑坠落物的宽度。由此可知，步行道路的震后道路宽度约为 1.98m，连接城市主干道的主要附属道路的震后道路宽度约为 12.48m。

$$Nw = Ow - (a \times 2.6) \times 0.58 \times 0.5 \tag{2-2}$$

最后，根据建筑坠落物对疏散道路的影响范围及震后道路有效宽度，将受建筑坠落物影响的社区疏散道路分为正常通行和减速通行两类：（1）减速通行路段，即步行道路，指的是建筑物倒塌坠落物基本占据整个道路宽度，允许疏散人员通过，但会导致受阻路段的可达性和可利用性降低，疏散人员的步行疏散速度降低，恐慌情绪加剧；（2）正常通行路段，即连接城市主干道的道路，指的是道路宽度基本不受建筑物倒塌坠落物的影响，疏散人员按照正常速度通行。

2.3 Netlogo 疏散仿真模型构建

2.3.1 高密度社区物理环境平面构建

研究区域为如皋市城西区某一片区，该片区由北侧的健康西路、南侧的宁海路、西侧的蒲行路以及东侧的惠隆路包围而成。利用 NetLogo 仿真平台中的 GIS 扩展模块可以将建筑物以及应急避难场所布局等空间数据导入 NetLogo 中实现可视化。

在 NetLogo 中编程创建片区内的疏散起始节点、疏散终止节点、高密度社区内部路网节点以及节点间的链接后，实现研究区域物理环境平面构建，如图 2-5 所示。

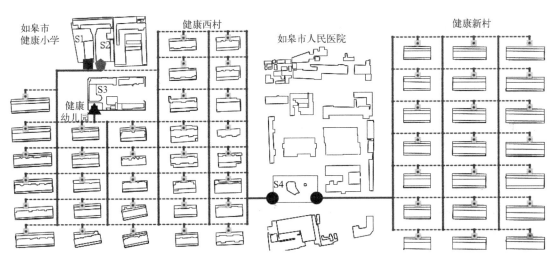

图 2-5 如皋市研究区域物理环境平面构建

社区内部道路选择最为简化的"网状"路网形式。社区内部道路包括道路节点（Nodes）以及节点间的链接（Links）；疏散起点（住宅建筑门口）以正方形瓦片表示；疏散终点（应急避难场所）分别以长方形瓦片、五边形瓦片、六边形瓦片以及圆形瓦片表示，其中长方形瓦片为如皋市健康小学操场入口，五边形瓦片为健康小学球场入口，三角形瓦片为如皋市健康幼儿园操场入口，圆形瓦片为如皋市人民医院内的花园广场入口。

在创建模型时赋予不同瓦片、节点以及链接不同的属性，包括能否在上面行走、形状以及能否产生疏散人员。利用这些属性定义该瓦片、节点或链接所代表的空间特征以及运动规律，如表 2-3 所示。

高密度社区空间特征以及对应的瓦片和链接属性 　　　　表 2-3

属性	疏散起点	正常通行路段	减速通行路段	疏散终点
行状	正方形瓦片	黑色链接	虚线链接	长方形/五边形/三角形/圆形瓦片
能否行走	否	能	能	否
能否产生海龟	能	否	否	否

2.3.2 多智能体基本属性

智能体主要有两大类，即疏散人员和避难场所。健康西村和健康新村内的全部居民是应急疏散模型中具有主观决策能力的疏散个体。居民智能体的基本属性包括：性别、空间坐标、疏散速度、疏散方向、目标应急避难场所、心理状态以及选择行为等。

其中，性别属于居民智能体的基本属性，性别的不同主要体现为疏散速度的不同；空间坐标指的是居民智能体在 NetLogo 仿真世界中的位置，包括初始位置坐标（即社区住宅建筑出口）、行走过程中的实时位置坐标以及终点位置坐标（目标应急避难场所入口）；疏散速度则是各个居民智能体在疏散过程中的实际行走速度；疏散方向表示居民智能体前往目标避难场所时的实时运动方向；目标应急避难场所指的是居民智能体按最短距离原则选择的疏散目标。

2.3.3 居民智能体疏散路径选择

高密度社区内的居民智能体均集中分布在居民楼大门处，以居民楼为最小疏散单元，各栋居民楼的出口处为人员聚集点和疏散起点，而疏散终点是应急避难场所的入口。由于出口大门尺寸以及人员肩宽的限制，同一时间内可通过的最大人数也存在限制，因此设定每秒钟建筑出口大门的出发人数，直到所有人都离开建筑物。

（1）住宅建筑出口大门宽度：根据《住宅设计规范》GB 50096—2011 可知，住宅建筑的共享外门门洞净宽度不应小于 1.20m，故取 1.50m；

（2）人体肩宽：参照《消防工程手册》中给出的人员肩宽，成年男性肩宽约为 0.5m，成年女性肩宽约为 0.45m，儿童肩宽约为 0.32m，老人肩宽约为 0.5m。本节中疏散人员肩宽平均值为 0.44m，故同一时间住宅楼出口可通过的最大人数为 4 人。

通过出口大门的移动方向主要受疏散路径初始选择的影响，居民疏散路径的初始选择决定了该智能体对应急避难场所的选择和期望前进方向，也就是其视线朝向。假设高密度社区居民对社区内部道路网络和附近应急避难场所位置的了解程度相同，所以全部疏散人员按照距离最近原则确定应急避难场所后，其选择的疏散路径也是距离最短疏散路径。本模型中，结合现实道路网络，采用 Dijkstra 算法为每个居民智能体计算出一条最短路径，疏散过程中智能体遍历最短路径上的各个节点后，最终到达选定的应急避难场所。

Dijkstra 算法的计算步骤如下:

(1) 选定与出发点距离值最小的节点,并将该点加入用来保存所有已经出发点到该点最短路径的节点集合 T;

(2) 以距出发点距离最小的节点为出发点,依次更新距出发点的距离值;

(3) 若该点距离值和该点到其他点的距离值之和小于出发点直接到达的距离值,则用该值替换直接到达值,否则不做改变;

(4) 重复上述过程直到集合 T 中包含了道路网络中的所有节点。

另外,智能体在选定应急避难场所和最短路径后,就有了朝向,但在其疏散过程中,不会考虑由于建筑物倒塌坠落物以及人员密度影响的绕行转向行为。当智能体前方路段为受建筑物倒塌坠落物影响的减速通行路段时,智能体会自动降低疏散速度,直至通过受阻路段后,才会重新恢复到正常疏散速度。当智能体感应到视野范围内人员分布密度较大时,居民智能体也会产生疏散速度降低的现象。根据社会力模型中人与环境之间的作用力范围在 2m 左右,借鉴此值,设定当智能体视野范围在 2m 范围内其他智能体的密度较大时,该智能体则会产生疏散速度明显降低的行为。

综上所述,高密度社区内居民智能体的疏散方向判断流程如图 2-6 所示。

图 2-6　居民智能体的疏散方向判断流程

2.3.4　居民智能体疏散速度设定

结合 Thompson 和王燕语总结的人员密度与疏散速度的关系,确定不同智能体的应急疏散速度变化。人员密度指的是一定范围内人员数量的大小,可以反映区域内疏散人员的密集程度;疏散速度指的是步行速度的大小,可以反映人员疏散的快慢和整体疏散时间的长短,而疏散速度的大小与智能体自身特性之间有一定的关系,比如年轻人比老年人疏散速度快,男性比女性疏散速度快等。根据文献中的相关研究,成年女性、儿童以及老人的初始疏散速度分别为成年男性初始疏散速度的 0.85 倍、0.66 倍和 0.59 倍。因此,设置高密度社区中不同居民智能体的初始疏散速度:儿童 0.9m/s,成年男性 1.4m/s,成年女性 1.2m/s,老人 0.8m/s。

地震灾害发生时,大量社区居民从建筑中撤离出来,道路上人员密度也随之增加。当智能体前方存在其他智能体时,其向前移动将会受到限制,智能体的疏散速度也会相应降低。本章仅选择步行疏散的方式,故居民智能体的步行疏散速度会随着人员密度的增加而减少。当人员密度大于 3 人/m² 时,人员密度每增加 1 人/m²,智能体步行疏散速度减少 0.1m/s,智能体疏散速度与人员密度的关系如表 2-4 所示。

智能体疏散速度与人员密度的关系　　　　　　　　　　　　　　　表 2-4

人员密度(人/m²)	步行疏散速度(m/s)	人员密度(人/m²)	步行疏散速度(m/s)
$\rho < 1.5$	1.4/1.2/0.9/0.8	5	0.5
$1.5 \leqslant \rho \leqslant 3.0$	0.8	$\geqslant 6$	0.4
4	0.6		

2.3.5 居民智能体疏散心理及行为影响

1. 疏散心理

在震后人员应急疏散的过程中，最典型的疏散心理为恐慌心理和从众心理。

（1）恐慌心理

在震后疏散过程中，高密度社区内大部分居民都会产生不同程度的不安、紧张甚至恐慌情绪，并且疏散人员的恐慌心理在疏散过程中是不断变化的。

疏散人员的行为心理特征就是迅速安全疏散到应急避难场所，人员疏散心理主要受对周围环境的熟悉程度、疏散路径中人员拥挤程度等因素的影响。对社区内部环境越不熟悉，疏散路线中的人员拥挤程度越大，疏散人员恐慌心理随之加剧，进而导致居民的疏散行为出现偏差。但是过度的恐慌情绪会导致疏散人员做出不经过思考的非理性疏散行为，甚至表现出消极的不避难行为。

在本研究中的人员疏散仿真模型中，通过设定疏散人员的恐慌值（panic-value）来进行恐慌心理模拟。当疏散人员的恐慌值不断累积，甚至达到模型中设置的疏散人员最大恐慌值（max-panic-value），疏散人员的移动速度发生明显变化，表现出一定程度的不耐烦情绪，疏散人员恐慌心理对移动速度的影响如公式（2-3）所示：

$$v'(t) = v(t) + t_{anxious} \cdot D_{shelter} \qquad (2-3)$$

其中，$v'(t)$ 表示恐慌心理下的人员疏散速度（m/s）；$v(t)$ 表示人员原始疏散速度（m/s）；$t_{anxious}$ 表示恐慌值（s^{-1}）；$D_{shelter}$ 表示疏散人员到应急避难场所的距离（m）。

（2）从众心理

从众心理指个人受到周围其他人员行为的影响，而在自己的认知和判断上表现出迎合公众舆论或多数人的行为方式。在应急疏散过程中，从众心理是一种普遍存在于疏散人员中的心理现象。

在人员应急疏散过程中，在群体的影响和压力下，疏散个体对当前自身所采取的行为表现出怀疑态度，进而否定自己的意见并采取跟随其他疏散个体的行动。特别是在震后人员应急疏散的过程中，高密度社区居民平时缺乏疏散演练，对社区道路了解程度有限，此时更容易受他人心理和行为的影响而出现从众心理，而更愿意靠近人群。

从众心理通常伴随着羊群行为的出现，羊群行为指的是疏散个体放弃自己对避难场所以及疏散路径的选择，盲目跟随其他疏散个体继续进行疏散的行为。同时，不同程度的从众心理会导致不同程度的羊群行为，对疏散过程的影响也有着积极或消极的影响。一定程度上的从众心理有减少整体疏散时间，推进疏散进程的正面作用。但是，当疏散路径上的人员密度过大，拥挤程度过大时，疏散人员则会产生盲目从众心理，进而产生的羊群行为会减缓人员疏散进程，对疏散时间产生负面作用。

2. 疏散行为

疏散行为是在地震发生后的紧急疏散过程中，社区居民从各自不同的疏散起始点向着相同或者不同的应急避难场所移动的过程。本节把高密度社区居民的应急疏散行为分为以下三个方面：个人决策行为、从众结伴行为以及拥挤行为。

（1）个人决策行为

大多数情况下，面对地震灾害等突发情况，高密度社区居民需要根据自身对社区环境和周围应急避难场所位置的了解程度，及时做出个人疏散决策。疏散人员的决策主要体现在选定应急避难场所和确定疏散路径两方面。

在应急避难场所选择方面，决策行为以距离最短为原则，计算高密度社区内各个住宅建筑出口处到研究区域内所有应急避难场所的距离，最后选择距离最短的应急避难场所为疏散目的地。

在确定疏散路径方面，在选定应急避难场所后，计算到达该应急避难场所的所有路径长度，最后选择一条最短路径。

（2）从众结伴行为

"从众"是一种维系自己当前生存状态的行为方式，是弱小个体维持生存的基本条件。"从众"产生的原因在于缺乏对事物的了解和认知能力，因此无法做出决策，会出现容易相信环境中其他个体的现象，表现为跟随其他个体的"从众"行为。"从众"是等待后的追随，"从众"群体是一种有思想但是不能表现出决策意识的群体。

当地震灾害发生后，受到震后社区内受灾情景的冲击，居民中会出现行为阻滞现象的人群。灾害中在一定程度上尽快组织疏散是减少疏散时间、提高疏散效率的重要环节，而从众结伴行为的产生是疏散时间过长的重要原因，盲目从众现象甚至会引发拥挤踩踏等无可挽回的后果。另外，由于高密度社区内居民的亲属血缘关系，以及儿童和老年人的移动限制较大，故疏散过程中从众结伴行为的出现概率会大大增加。因此地震作用后，高密度社区内居民应充分利用自身储备的疏散知识，主动有序地进行疏散活动，既不盲目从众，也不过度恐慌。

（3）拥挤行为

在疏散过程中，人员拥挤行为不仅会出现在存在堵塞的疏散道路中，还会出现在人员密度较大的路段中。

疏散应按照指定疏散起始点、指定疏散路线、指定避难场所而有序进行。但由于地震灾害时建筑物倒塌产生的坠落物会使道路有效宽度变窄，在恐慌状态下疏散人员会迅速改变原本的逃生路线，并希望迅速避开阻碍在他们前面的坠落物堆积，到达疏散目的地，于是疏散人群移动方向发生急剧变化且互不相让的情况造成了受阻路段的人群拥挤行为。

突发灾害下的疏散人群由于强烈的求生念头，会出现湍流现象和非均匀分布人流现象，甚至会由于人群密度过大而产生过度拥挤的现象。社区内疏散路径上的拥堵现象，不仅会造成疏散人员恐慌心理的加剧，疏散进程的滞留，严重情况下还会造成人员踩踏等伤亡现象的产生。

2.3.6　居民智能体行走规则设置

高密度社区震后应急避难空间的疏散行为仿真模型中智能体基本行走规则如下：

（1）疏散开始后，由于社区内居民对社区环境以及周围应急避难场所的了解程度相同，所有居民都倾向于选择距离避难场所最近的路线进行疏散。

（2）当疏散路径中的人员分布较为密集时，会加剧疏散人员的恐慌心理。当疏散人员恐慌参数小于等于最佳恐慌参数时，恐慌心理的存在会加快移动速度；当恐慌参数继续增加，则会造成过度恐慌，疏散速度降低。

（3）当疏散人员移动前方出现受建筑倒塌坠落物影响的受阻路段时，人员疏散速度会因为道路有效宽度的减少而降低。

（4）智能体的疏散速度会随着疏散路径上人员密度的增加而降低。

（5）疏散人员一旦选择了应急避难场所，即使在疏散进程中耗费的疏散时间较长时，也不会轻易改变选择的应急避难场所。

图2-7描述了每个居民智能体在仿真系统中的运行流程。

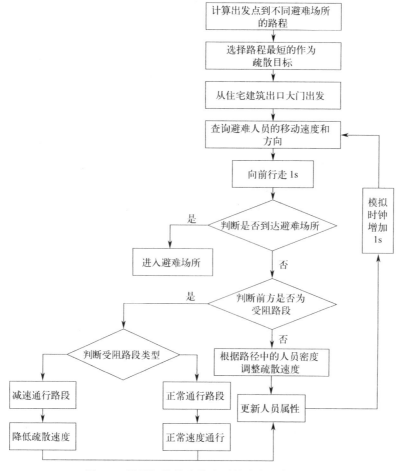

图2-7　居民智能体在仿真系统中的运行流程

2.4　高密度社区应急疏散多情景模拟

2.4.1　应急疏散时间仿真分析

本节主要探讨考虑建筑物倒塌坠落物影响的高密度社区人员应急疏散。根据第2.2.4节，地震作用下研究区域内社区建筑物倒塌坠落物的影响范围约为 $13\sim18m$，如图2-8所示，L 为建筑物的长度，B 为建筑宽度，L_1、L_2、B_1、B_2 为建筑倒塌影响长度或宽度。

根据《城市居住规划设计标准》GB 50180—2018规定可知，居住区内部的步行道路宽度不应小于 $2.5m$，取 $2.5m$；居住区中用于连接城市主干道的主要附属道路宽度不应

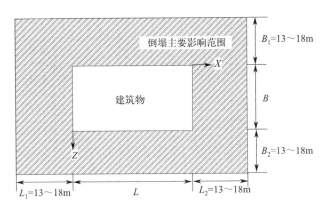

图 2-8 地震作用后建筑物倒塌坠落物的影响范围

小于 2.0m，取 5.0m。根据第 2.2.4 节可知，建筑物倒塌坠落物对主要附属道路的影响可忽略不计，而对步行道路的影响范围远远大于社区疏散路径宽度，故建筑物倒塌坠落物几乎完全覆盖整个道路宽度。

将建筑物倒塌坠落物的影响范围纳入 NetLogo 仿真世界中，简化为建筑物倒塌坠落物完全覆盖了沿街建筑的疏散路径，建立考虑坠落物影响的社区环境模型，如图 2-5 所示。虚线链接表示被建筑物倒塌坠落物覆盖的路段，居民智能体可以在虚线链接上移动，但疏散速度会减小；实线链接则表示可按照正常速度通行的疏散路段。

1. 考虑恐慌心理的人员疏散模拟

本节仿真模拟了在社区道路受阻工况下，不同程度的恐慌心理对高密度社区人员应急疏散进程的影响。儿童、成年男性、成年女性以及老人的初始疏散速度有所不同，实时疏散速度除了受移动中人群密度的影响，还会受人员恐慌心理的影响。考虑恐慌心理的人员应急疏散模型中的各项疏散指标与上文所述一致。

（1）健康西村

考虑震后建筑坠落物对疏散路径通行能力影响和恐慌心理影响，仿真模拟了健康西村社区 1858 个居民智能体全部疏散过程。图 2-9 为该社区居民疏散开始后 5min 时的空间分布特征。分析可知，疏散开始 5 分钟时的社区全体居民疏散完成率可达 78% 左右。

社区居民全部疏散完成所需时间为 553s，即 9 分 13 秒；疏散完成时各疏散指标及各个避难场所的实时到达人数如图 2-10 所示。分析可知，选择 S1 避难场所的人数仅占总疏散人数的 3% 左右，最先完成疏散进程；选择 S3 避难场所的人数占总疏散人数的 53% 左右，其人口变化曲线是最后一个达到平缓状态。

同样，为了不断优化疏散结果，减少智能体初始恐慌参数不同以及在受阻路段移动速度降低的随机性，共进行了 20 次疏散模拟。社区总疏散时间范围为 8 分 51 秒到 9 分 17 秒，平均值为 544s，即 9 分 04 秒。

（2）健康新村

在道路受阻的情况下，健康新村社区中 1323 名居民在恐慌心理影响下的疏散进程如下文所述。图 2-11 显示了疏散开始 5min 时居民智能体的空间分布。疏散开始 5min 时居民疏散完成率可达 53% 左右。

社区居民全部疏散完成所需时间为 487s，即 8 分 07 秒。图 2-12 显示了疏散完成时各

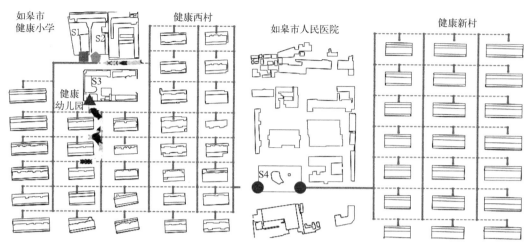

图 2-9　疏散开始 5min 时健康西村居民智能体的空间分布特征
（浅色：轻度恐慌；中色：适度恐慌；深色：过度恐慌）

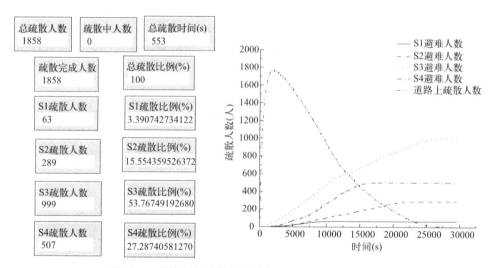

图 2-10　健康西村疏散完成时各项指标及人口变化图

项疏散指标及各个避难场所到达人数变化曲线，结果表明，健康新村社区仅有一个可选择的避难场所，即 S4 避难场所。

同样，20 次仿真模拟下，整体疏散时间变化范围为 7 分 53 秒到 8 分 19 秒，取疏散时间平均值为 486s，即 8 分 06 秒。

（3）同时疏散

在疏散路径受建筑物倒塌坠落物影响而出现道路宽度减少、疏散进程受阻的现象时，考虑不同智能体比例构成及人员疏散恐慌心理，健康西村社区整体疏散时间约为 544s，即 9 分 04 秒；健康新村社区整体疏散时间约为 486s，即 8 分 06 秒。故两个社区同时疏散时的总疏散时间以健康西村社区整体疏散时间为准，即 9 分 04 秒。

2. 考虑结伴行为的人员疏散模拟

本节主要模拟的是在高密度社区疏散路径受阻的情况下，在考虑应急疏散过程中不同

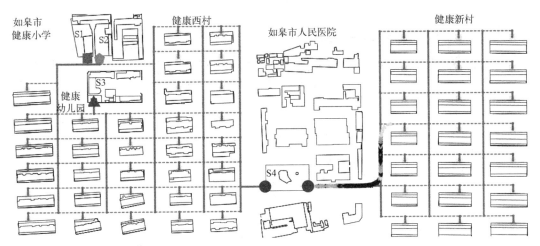

图 2-11 疏散开始 5min 时健康新村居民智能体的空间分布
（浅色：轻度恐慌；中色：适度恐慌；深色：过度恐慌）

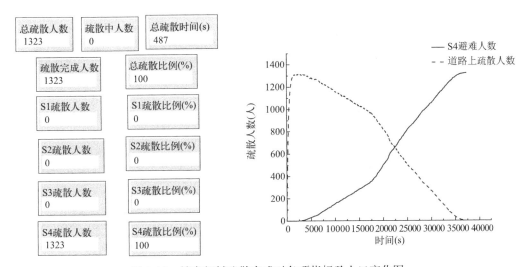

图 2-12 健康新村疏散完成时各项指标及人口变化图

类型居民智能体恐慌程度变化的同时，考虑社区中的亲属血缘关系所导致的合作结伴行为对人员应急疏散过程的影响，进而综合考虑恐慌心理和合作结伴行为对人员疏散速度的影响。在人员疏散过程中，形成以家庭为单位的多个疏散群体，群体中每个成员的疏散速度受群体中心成员的影响，而智能体恐慌心理参数也会随着家庭疏散群体的形成而有所降低。最后，道路受阻情况下基于合作结伴行为的人员疏散指标与上文中无受阻情况下的人员疏散指标所述一致。

（1）健康西村

健康西村社区中总疏散人员数量为 1858 人。考虑人员疏散过程中的恐慌心理和合作结伴行为，疏散开始 5min 时居民智能体的空间分布情况如图 2-13 所示。分析可知，疏散开始 5min 时的疏散完成比例大约为 88%。

该社区全部居民完成疏散所需的疏散时间为 507s，即 8 分 27 秒。根据图 2-14 可知，

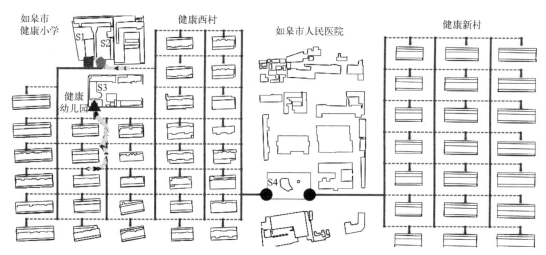

图 2-13　疏散开始 5min 时居民智能体的空间分布（浅色：家庭成员；深色：家庭领导者）

S3 避难场所的到达人数最多，为 1004 人；S1 避难场所的到达人数最少，仅有 63 人。

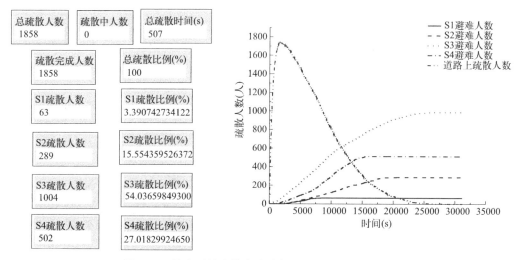

图 2-14　健康西村疏散完成时各项指标及人口变化图

另外，由于智能体恐慌参数的不同以及疏散过程中智能体查找其他智能体并形成疏散群体的随机性，导致模型每次的仿真结果存在一定的误差，为平衡仿真结果的随机性，共进行了 20 次模拟，仿真结果变化范围约为 8 分 00 秒到 8 分 27 秒，平均值为 494s，即 8 分 14 秒。

（2）健康新村

在道路受阻的情况下，健康新村社区中的总疏散人员总数为 1323 人，并在疏散过程中考虑智能体的恐慌心理变化以及合作结伴行为的形成。疏散开始 5min 时居民智能体的空间分布如图 2-15 所示。疏散开始 5min 时居民疏散完成率大约为 53%。

该社区全部居民疏散完成所需时间为 439 秒，即 7 分 19 秒，各项疏散指标以及各个避难场所中到达人数变化如图 2-16 所示。其中，健康新村社区居民可选择的避难场所为 S4 避难场所。

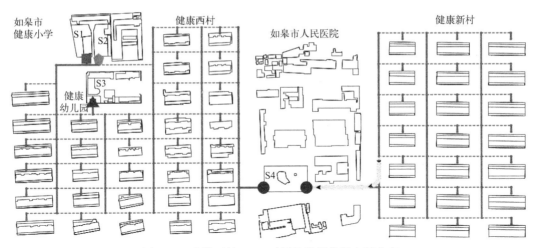

图 2-15　疏散开始 5min 时居民智能体的空间分布

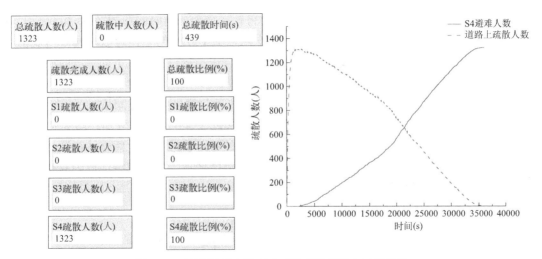

图 2-16　健康新村疏散完成时各项指标及人口变化图

　　同样，为平衡智能体恐慌参数不同以及疏散过程中寻找他人行为所造成的仿真结果的随机性，共进行了 20 次仿真模拟。仿真结果变化范围为 7 分 01 秒到 7 分 27 秒，平均值为 437s，即 7 分 17 秒。

　　（3）同时疏散

　　综合考虑不同智能体比例构成、人员疏散恐慌心理及受家庭关系影响的合作结伴行为，健康西村社区和健康新村社区整体疏散时间分别约为 494s 和 437s，故两个社区同时疏散的总疏散时间以健康西村社区整体疏散时间为准，即 8 分 14 秒。

3. 对比分析

　　首先，对比分析健康西村和健康新村两个社区在疏散开始 5min 时的疏散完成比例，如图 2-17 所示。结果表明，合作结伴行为的存在可以明显加快社区的整体疏散进程。对健康西村社区来说，疏散开始 5min 时的疏散完成比例增加了约 10%；对健康新村社区来说，疏散开始 5min 时的疏散完成比例增加了 13% 左右。

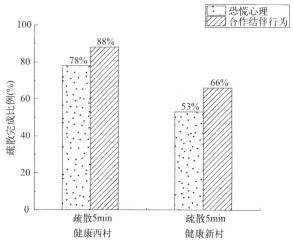

图 2-17　各个社区疏散 5min 时的疏散完成比例

其次，如图 2-18 所示，健康西村和健康新村社区震前疏散时间约为 246s 和 209s，即 4 分 06 秒和 3 分 26 秒。通过对比分析在道路受阻情况下社区的整体疏散时间，与震前人员疏散时间相比可知：①震后考虑恐慌心理及震后合作结伴行为工况下的疏散时间都明显增加；恐慌心理下健康西村社区疏散时间增加了 298s，即 4 分 58 秒，合作结伴行为下健康西村社区疏散时间降低了 50s。②恐慌心理下健康新村社区疏散时间增加了 277s，即 4 分 37 秒，合作结伴行为下健康新村社区疏散时间降低了 49s。由此可知，与无道路受阻情况下疏散时间相比，地震作用下建筑物倒塌导致的坠落物堆积对社区整体疏散进程的影响较大，导致在恐慌心理下社区整体疏散时间的大幅度增加，而合作结伴行为对整体疏散时间的加快作用有所降低。

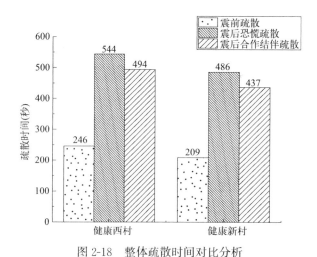

图 2-18　整体疏散时间对比分析

综上所述，在道路受阻情况下，健康新村社区的整体疏散时间增加量比健康西村社区的整体疏散时间增加量小。这是因为健康新村社区的居民数量较少，并且可选择的避难场所较为单一，因此，当社区疏散环境发生改变时，不会引起居民智能体恐慌心理以及合作结伴行为的强烈变化，整体疏散时间的变化也并不如健康西村社区明显。

2.4.2 疏散道路拥堵仿真分析

1. 道路拥堵时空分析

（1）健康西村社区

分析健康西村社区疏散过程中的道路整体拥堵情况可知：①疏散开始 30s 时，受坠落物影响的道路中开始出现人员拥堵；②疏散开始 94s 时，受坠落物影响的道路中的拥堵状况得到缓解，但各道路交叉口开始出现拥堵现象；③疏散开始 141s 时，各道路交叉口拥堵情况不断加剧；④疏散开始 212s 时，各道路交叉口拥堵情况不断缓解，直到疏散结束，道路拥堵现象结束。如图 2-19 所示。

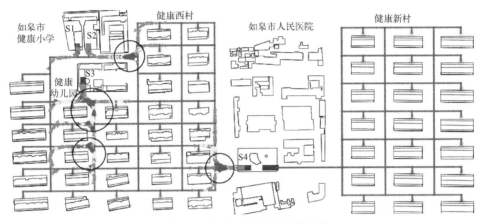

图 2-19　健康西村道路拥堵过程

（2）健康新村社区

根据模拟结果可知：①疏散开始 29s 时，开始出现人员拥堵状况；②疏散开始 87s 时，各道路交叉口开始出现拥堵；③疏散开始 134s 时，各道路交叉口拥堵情况不断加剧；④疏散开始 221s 时，各道路交叉口拥堵情况不断缓解，直到拥堵现象结束。如图 2-20 所示。

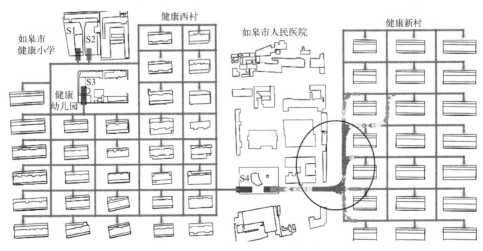

图 2-20　健康新村道路拥堵过程

在疏散路径受建筑坠落物影响时，由于不同方向的人流汇集作用，道路交叉口的拥堵情况较为严重。因此，选取距离避难场所最近的 4 个主要道路交叉口进行详细分析，道路交叉口的选取如图 2-21 所示。

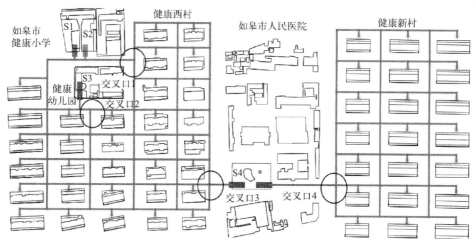

图 2-21　道路交叉口选取情况（道路受阻）

疏散道路受次生坠落物影响下，各个道路交叉口拥堵情况的模拟结果如表 2-5 所示。表中主要展示了各个道路交叉口的目标避难场所、到目标避难场所的距离、疏散人员数量及拥堵持续时间。

各个道路交叉口拥堵情况（道路受阻）　　　　　　　　　　　表 2-5

地点	目标避难场所	距离(m)	疏散人员数量(人)	拥堵持续时间(s)
交叉口 1	S2	87	289	81
交叉口 2	S3	52	997	196
交叉口 3	S4	43	509	153
交叉口 4	S4	104	1323	257

由上述模拟结果可知，各个道路交叉口的拥堵持续时间主要受疏散人员数量的影响：①道路交叉口 4 的疏散人员数量最多，故拥堵持续时间最长，约为 257 秒；②道路交叉口 2 和道路交叉口 3，拥堵持续时间分别为 196s 和 153s；③道路交叉口 1 的疏散人员数量最少，拥堵持续时间最短，约 81s。

2. 道路拥堵类型分析

（1）点状拥堵

与道路未受阻下点状拥堵区域的分布相比，点状拥堵产生及变化过程如下：

1）疏散开始时，受建筑物倒塌坠落物影响的路段处开始出现小范围的点状拥堵区，如图 2-22(a) 所示；

2）随着时间的推移，社区各个主要的十字路口及道路交叉口开始出现点状拥堵区域，即点状拥堵（1）、点状拥堵（2）、点状拥堵（3）、点状拥堵（4）及点状拥堵（5），如图 2-22(b) 所示；

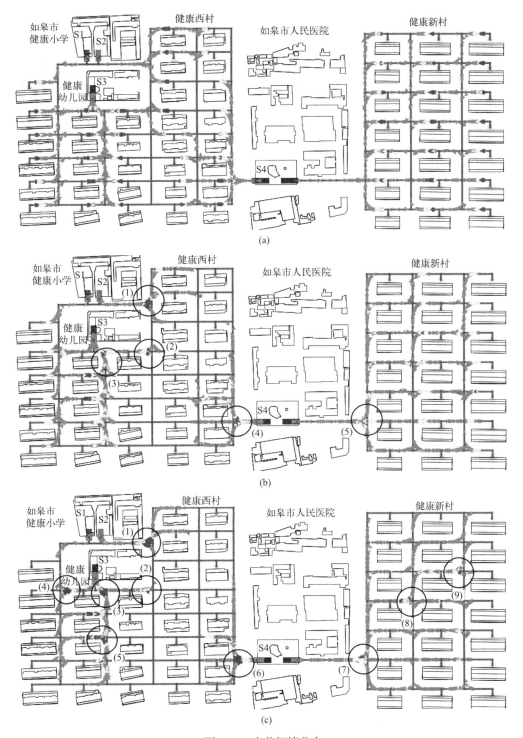

图 2-22　点状拥堵分布

　　3）随着疏散进程的进一步推进，避难场所附近的十字路口处的点状拥堵范围不断扩大，拥堵程度不断加剧。另外，由于社区内部部分路段受阻，使得社区内部受阻道路路口处的点状拥堵（4）、点状拥堵（8）及点状拥堵（9）范围也不断扩大，如图 2-22(c) 所示。

（2）带状拥堵

在疏散道路受阻的情况下，带状拥堵的产生及变化过程如下：

1）带状拥堵（1）是随着时间推移逐渐积聚所致，带状拥堵（3）的产生是由于该路段是通往 S4 避难场所的唯一路段，大量疏散人员的汇聚导致带状拥堵的产生，而带状拥堵（2）和带状拥堵（4）的产生则是由于该路段为受阻路段，道路宽度减小，疏散人员密度显著增加，从而导致带状拥堵的出现，如图 2-23（a）所示；

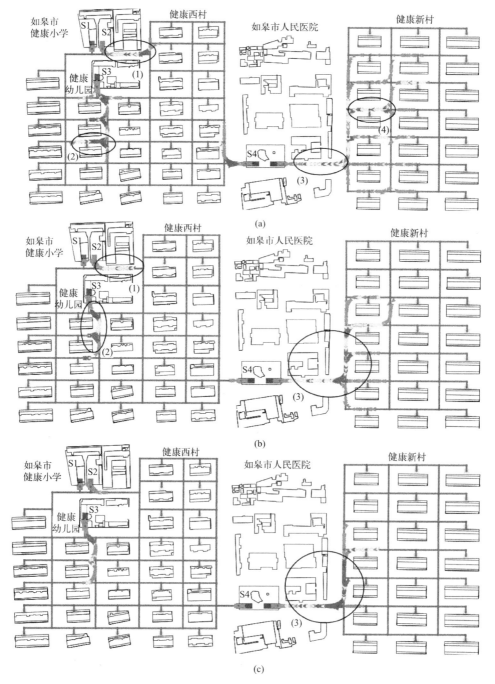

图 2-23 带状拥堵分布

2）随着疏散进程推进，带状拥堵（1）和带状拥堵（2）的拥堵情况逐渐缓解，随着疏散人员的恐慌心理不断加剧，带状拥堵（3）的拥堵范围也逐渐增加，如图 2-23（b）所示；

3）随着带状拥堵（1）和带状拥堵（2）的拥堵情况不断好转，带状拥堵（3）仍然呈现不断加剧的现象，如图 2-23（c）所示。

3. 道路拥堵强度分析

在恐慌心理参数设定以及社区道路无受阻情况下恐慌心理分析的基础上，分析在震后建筑物坠落物对疏散道路的受阻影响下，社区居民的恐慌心理变化情况，从而分析不同路段中拥堵强度的变化情况。首先，通过仿真模拟得到社区疏散过程中恐慌人数的变化情况，如图 2-24 所示。由于建筑坠落物对道路通行能力的影响，重度恐慌人员数量显著增加，分别为 758 人和 556 人，而轻度恐慌人员数量分别为 631 人和 487 人，适度恐慌人员数量分别为 579 人和 537 人。

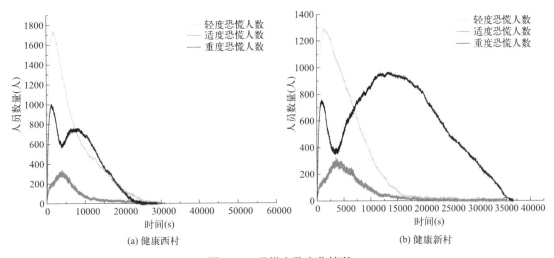

图 2-24　恐慌人数变化情况

在社区应急疏散过程中，不同路段的拥堵强度分析如下：

1）对于受震后建筑物倒塌坠落物影响的路段，由于坠落物对社区道路宽度的影响，疏散人员速度显著降低，故随着人员恐慌参数的增加，过度恐慌人员数量也显著增加，受坠落物影响路段的拥堵强度也随之增加；

2）在疏散路径的十字路口处，人流聚集作用下人员密度显著增加，人员恐慌参数也显著增加，过度恐慌人员数量也有明显增加的迹象，因此与疏散道路未受阻的情况相比，十字路口处的拥堵强度有所加强；

3）在避难场所附近路段，随着疏散人员到避难场所距离减小且疏散人员密度降低，轻度恐慌人员数量显著增加，拥堵强度显著降低。

2.4.3 避难场所占用情况分析

疏散人员对应急避难场所的选择因人而异，由于住宅社区内部的居民对社区及周围环境的熟悉程度较高，因此疏散人员对避难场所的选择主要取决于避难场所的距离，而且，一旦选择了应急避难场所，即使耗费的疏散时间较长，也不会轻易改变选择。居民智能体对避难场所的选择过程如图 2-25 所示。

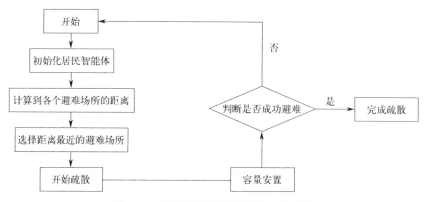

图 2-25　居民智能体避难场所选择过程

1. 避难场所容量确定

避难场所的选取并不只是简单的选取，而是要在选取过程中以"平灾结合"为原则，即选取的避难场所平时发挥其原本的社会效用，在地震发生后立即启动避难作用。在本节中，共选取四个避难场所，分别是如皋市健康小学球场（S1）、如皋市健康小学操场（S2）、如皋市健康幼儿园操场（S3）以及如皋市中心医院的花园广场（S4）。其次，应急避难场所的容纳能力主要与其容量和人均有效避难面积有关，根据《防灾避难场所设计规范》GB51143—2015 取应急避难场所的人均有效避难面积为 $1.2m^2/$人，可以根据以下公式确定避难场所容量：

避难场所容量＝有效避难用地面积（m^2）/人均有效避难面积（m^2/人）

其中，学校体育用地的有效避难面积按照其实际面积的 90% 计算，绿地和广场空地的有效避难面积按照其实际面积的 60% 计算。选取的四个避难场所的容纳能力如表 2-6 所示，总疏散人数为 3181 人，避难场所总容纳人数为 11471 人，满足总疏散人数小于避难场所总容量的要求。

选取的四个避难场所的容纳能力　　表 2-6

应急避难场所	实际面积(m^2)	有效避难用地面积(m^2)	人均有效避难面积(m^2/人)	可容纳人数(人)
S1(如皋市健康小学球场)	6000	5400	1.2	4500
S2(如皋市健康小学操场)	6000	5400	1.2	4500
S3(如皋市健康幼儿园操场)	1021	919	1.2	766
S4(如皋市中心医院花园广场)	3410	2046	1.2	1705
总容纳人数				11471

2. 实际避难人数对比

根据第 2.4.1 节中的疏散时间模拟结果可知，研究区域中避难场所的实际使用情况与避难场所的容纳能力之间存在较大的不平衡性，四个避难场所的实际疏散人数与容纳能力的对比情况如图 2-26 所示。分析可知，选择 S1 和 S2 避难场所的居民智能体数量分别为

63 和 289，仅占其容纳能力的 1.4% 和 6.4% 左右；而选择 S3 和 S4 避难场所的居民智能体数量均超过了其容纳能力，实际疏散人数分别为其容纳能力的 1.3 和 1.07 倍。

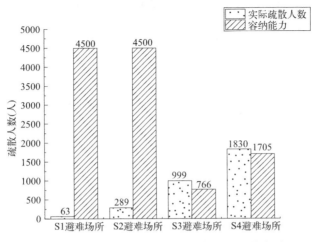

图 2-26　各个避难场所实际疏散人数与容纳能力对比

3. 避难场所占用分析

以下述的四种情况作为避难场所占用情况分析的判定标准：

（1）避难场所有效性：反映的是应急避难场所的区位供给服务能力，其中包括避难场所可容纳人数以及开放空间比。另外，当避难场所容量小于选取其为疏散目标的疏散人员数量时，避难场所容量不能满足社区居民智能体疏散需求，避难场所存在一定的人口配置缺口。

（2）避难场所可达性：反映了避难场所与外界的联系性以及避难场所与避难需求点之间的便捷性，即社区居民智能体疏散至距离最近的避难场所的疏散时间是否符合相关规范对避难场所可达性的要求。

（3）避难场所的均衡性：展示了研究区域内各避难场所实际疏散人数是否均匀分布，表现为疏散人员集中选择同一避难场所或分散选择不同的避难场所。

根据判定标准对避难场所的占用情况进行分析，得到以下结论：

（1）S1 和 S2 避难场所作为学校型应急避难场所，其可容纳人数相对较多，且开放空间比例较大，大约在 90%，而 S4 避难场所是绿地型应急避难场所，其可容纳人数有限，开放空间比大约在 60%。此外，S3 和 S4 避难场所的容量远远小于选择该避难场所的疏散人数，使得 S3 和 S4 避难场所存在 233 人和 125 人的有效避难面积配置缺口。造成该现象的原因主要是 S3 避难场所（即如皋市健康幼儿园操场）位于距离健康西村社区最近的位置，以及 S4 避难场所（即如皋市中心医院花园绿地）是健康新村社区附近唯一可选择的应急避难场所。

（2）居民智能体到达最近避难场所的时间最长的是健康新村社区 501 栋住宅楼，疏散时间为 4 分 41 秒。这主要是因为该住宅楼到最近避难场所（S4 避难场所）的距离最远。另外，以考虑恐慌心理的工况为例，健康西村社区各个避难场所的疏散完成时间如图 2-27 所示：选择 S1 避难场所的人数最少，疏散时间最短；选择 S3 避难场所的人数最多，疏散时间最长；而 S2 和 S4 避难场所的疏散完成时间差别不大。健康新村社区可选择的避难场所只有 S4 避难场所，故 S4 避难场所的疏散完成时间为 418s，即 6 分 58 秒。

另外，根据《防灾避难场所设计规范》GB 51143—2015 相关规定，疏散人员到达应急避难场所的步行疏散时间应控制在 10min 之内较为适宜。基于这一标准，综合考虑恐慌心理、合作结伴行为以及道路受阻等因素，健康西村和健康新村社区疏散完成时间分别为 494s 和 437s，即 8 分 14 秒和 7 分 17 秒，区域避难场所空间可达性满足规范相关的要求。

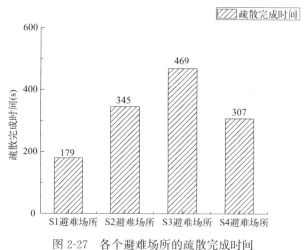

图 2-27　各个避难场所的疏散完成时间

（3）分析各个避难场所的均衡性可知，健康新村社区疏散过程出现了疏散人员集中选择同一避难场所的现象，导致 S4 避难场所的均衡性较差，而在健康西村社区疏散过程中，由于 S1、S2 和 S3 避难场所之间的距离较小，并都集中在同一方位。因此，虽然有部分智能体选择了 S1 和 S2 避难场所，但是大部分居民智能体还是选择了距离最近的 S3 避难场所，导致 S1 和 S2 避难场所的占用情况较差，而 S3 避难场所出现容量过度饱和的情况。

综上所述，S1 避难场所和 S2 避难场所的居民疏散占用率最低，其实际疏散人数远远低于避难场所的容纳能力，导致这两个避难场所在实际疏散过程中并没有完全发挥其功能；反之，S3 避难场所和 S4 避难场所由于实际疏散人数远远大于其最大容纳人数，导致这两个避难场所的实际占用率过大，整体均衡性较差。因此，还需要对该研究区域内避难场所的位置、规模、数量及社区疏散规划进行进一步的优化设计。

2.5　本章小结

在震后高密度社区应急疏散空间分析的基础上，利用 NetLogo 仿真软件建立高密度社区的应急疏散模型。首先，模拟分析了建筑坠落影响、恐慌心理及合作结伴行为对社区疏散时间的影响规律；其次，在有建筑坠落影响下，详细分析了拥堵路段的时空分布、拥堵类型及拥堵强度；最后，对社区应急避难场所的避难占用情况进行了分析，指出了当前应急避难场所在均衡性和容纳能力上的不足，为下一步进行的高密度社区避难空间优化设计提供有效依据。

第 3 章
城市社区应急疏散空间
优化方法及仿真

3.1 问题描述及思路

应急避难场所是地震灾害发生时，供人应急避难与安置的地点，是灾时人员避难安置的安全场地，是保障人员生命安全的重要场所。应急避难场所的规划与建设是提高城市综合防灾能力、降低灾害影响、增强政府应急管理工作能力的重要举措。目前，我国大多数城市都建有一定数量的应急避难场所，并在城市防灾避险中发挥了重要作用。但是，随着城市化进程的不断增长，城市人口数量持续增加，基础设施不断更新，城市各类突发性灾害急剧增加，导致现有的城市应急避难场所不能完全满足应急避难需求。因此，急需以有效性、均衡性以及可达性为原则对应急疏散场所空间布局和社区疏散规划进行优化设计。

社区是构成城市的基本单元，是政府实施管理的基本单元和主要依托，也是城市防灾避难规划设计的基本单元。在强震作用下，社区居民不仅是灾难的直接承受体，还是灾难的疏散应对体。本章中，以社区居民楼为最小疏散单元，地震发生时社区居民都集中在居民楼内，而各栋居民楼的出口处为社区居民的聚集点和疏散起始点，疏散终点指的是服务范围覆盖该社区的地震应急避难场所。

首先，本章以健康西村和健康新村社区的应急避难场所占用情况分析结果为基础，对现有应急避难场所的布局进行重新规划，选取社区附近的备选应急避难场所并纳入现有应急避难场所布局中；其次，引入疏散时间满意度函数，构建社区有组织的应急疏散优化模型，确定社区避难场所空间布局及社区建筑的有组织疏散策略；最后，通过 NetLogo 仿真平台模拟有组织应急疏散仿真过程，并将模拟结果与无组织疏散的模拟结果进行对比分析。

3.2 社区应急避难场所适宜性分析与布局优化

3.2.1 社区应急避难场所规模和布局

基于上章中应急避难场所疏散占用情况的分析，部分现有的避难场所中存在一定数量的人口配置缺口，导致避难场所人员过度饱和，而其他避难场所的实际疏散人数较少，利用率过低。此外，虽然健康西村社区附近有 4 个应急避难场所，但 3 个应急避难场所分布较为集中，导致应急避难场所均衡性较差；而健康新村社区周围只有 1 个应急避难场所，所有居民均以该避难场所为疏散目的地，其均衡性更加不理想。因此，需要优化现有应急避难场所的空间布局及规模，以满足社区应急疏散的实际需求。

根据《地震应急避难场所选址及配套设施》GB 21734—2008 中关于应急避难场所的选址规定，可选择公园、绿地、广场、体育场以及室内公共的场馆所作为地震应急避难场所，而避难场所的选址还应该遵循安全性、可通达性以及足够面积的原则。其中，安全性指的是地震应急避难场所的选址应该避开自然灾害易发地段以及对人身安全造成威胁的路段，选择建筑物倒塌范围以外的平坦开阔区域；可通达性指的是应急避难场所应保证人员可步行到达；最后应急避难场所的有效面积宜大于 $2000m^2$。

首先，优化现有应急避难场所的布局。S1、S2 及 S3 避难场所均属于学校型避难场所，拥有大量开放空间和基础设施，可以容纳大量疏散人员，是社区防灾避难空间中的核心避难场所，而 S3 避难场所占地面积较小，可容纳能力十分有限，故在现有应急避难场所规划布局中将其删除。S1 和 S2 避难场所之间距离较近，故将 S1 和 S2 避难场所合并为 SS1 避难场所。此外，S4 避难场所属于公园绿地型避难场所，作为城市应急避难场所的重要组成部分，其开放空间比例较低，但其整体占地面积较大，其有效避难用地面积相对较大，故保留 S4 避难场所并命名为 SS4。

整合现有应急避难场所布局后，在健康西村和健康新村周边选取备选应急避难场所，包括：如城街道城南社区紫竹院西侧健身广场（SS2 避难场所）和位于健康新村西北侧的停车场（SS3 避难场所），它们均为公园绿地型应急避难场所，有效避难面积为实际面积的 60%。整合后的应急避难场所详细信息见表 3-1。

重新规划布局后的应急避难场所情况　　　　　　　　　　　　　表 3-1

应急避难场所	实际面积（m^2）	有效避难面积（m^2）	人均有效避难面积（m^2/人）	可容纳人数（人）
SS1 避难场所	12000	10800	1.2	9000
SS2 避难场所	4275	2565	1.2	2137
SS3 避难场所	3410	2046	1.2	1705
SS4 避难场所	7000	4200	1.2	3500
可容纳总人数				16342

健康西村和健康新村社区总疏散人数为 3181 人，优化整合后应急避难场所的可容纳总人数为 16342 人，满足疏散总人数小于避难场所总容量的要求。在震后建筑坠落物影响、人员恐慌心理影响和合作结伴行为综合工况下，社区建筑可作为独立的避难单元自由选择避难

场所，利用 NetLogo 仿真平台建立新的社区疏散空间物理环境平面，如图 3-1 所示。

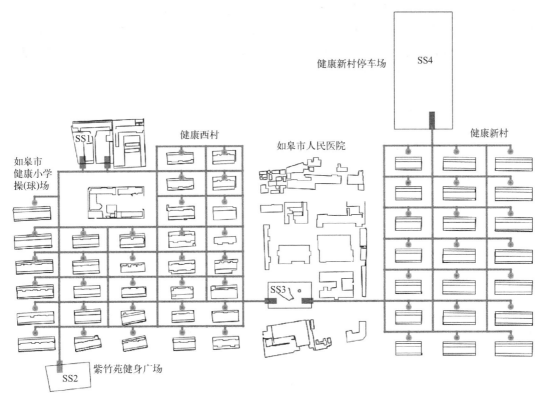

图 3-1 优化布局后研究区域平面构建

3.2.2 社区居民无组织疏散模拟验证

基于健康西村和健康新村社区的应急避难场所优化布局，采用 NetLogo 仿真平台重新模拟分析，避难场所布局优化前后的总疏散时间见表 3-2。分析可知，备选应急避难场所纳入原有避难场所集合对社区居民的疏散进程具有显著的促进作用，不同工况下疏散时间均减少。

	优化前后总疏散时间对比		表 3-2
疏散策略	优化前时间(s)	优化后时间(s)	时间差(s)
无道路受阻 健康西村(恐慌)	469	418	51
健康西村(合作)	375	329	46
健康新村(恐慌)	418	369	49
健康新村(合作)	345	295	50
道路受阻 健康西村(恐慌)	544	510	34
健康西村(合作)	494	453	41
健康新村(恐慌)	486	421	65
健康新村(合作)	437	393	44

图 3-2 展示了应急避难场所占用情况。4 个应急避难场所的实际疏散人数均小于其容纳能力，优化布局后的应急避难场所有效性较好；综合考虑恐慌心理、合作结伴行为及坠落物阻塞道路情况，健康西村和健康新村社区的总疏散时间分别为 7 分 33 秒和 6 分 33 秒，均小于 10min，满足《防灾避难场所设计规范》GB 51143—2015 中疏散人员到达应急避难场所的步行疏散时间应控制在 10min 之内的规定。

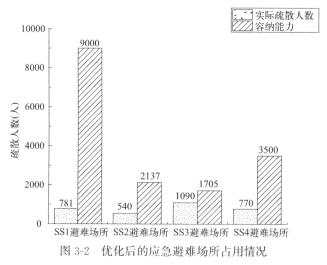

图 3-2　优化后的应急避难场所占用情况

优化前后应急避难场所均衡性对比如图 3-3 所示，较优化前，SS1 和 SS2 避难场所的占用情况得到了有效提升，SS4 避难场所的疏散人数明显减少，而各个应急避难场所在疏散人数差异性上有了显著减小。由此可知，优化后应急避难场所的均衡性得到了很大程度上的提升。

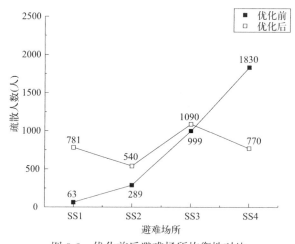

图 3-3　优化前后避难场所均衡性对比

3.3　社区应急疏散空间优化的时间满意度模型

3.3.1　有限避难场所的时间满意覆盖模型

对于避难场所选择的方法主要有两种：一种是采用多准则决策方法对应急避难场所的

选址进行定量和定性分析，以确定应急避难场所的最佳位置；另一种是运用运筹学的方法建立网络型优化模型，以确定应急避难场所的位置以及避难场所与疏散需求点之间的服务关系。本节在第一种方法的基础上，引入满意度函数，综合考虑各个住宅建筑到各个应急避难场所的距离以及人口数量等因素，在规定社区应急避难场所数量的情况下，以时间满意度最大为目标，通过设置不同的参数，观察有限应急避难场所对社区的整体覆盖情况，并确定社区中各栋住宅楼居民的最佳避难场所选择。

本章基于最大覆盖选址模型（MCLM）和"部分覆盖"思想，建立有限设置避难场所的时间满意覆盖模型（TSBMCLM）。其中，最大覆盖选址模型指的是如何在研究区域中选出合适的应急避难场所位置，从而为整个区域提供最大化的覆盖范围。在人员应急疏散过程中要考虑应急避难场所服务需求点的时效性，同时考虑社区应急避难场所的主要作用是以较大的能力完整覆盖研究区域，故使用最大覆盖选址模型求解研究区域的避难场所覆盖情况。此外，在社区应急避难场所选址问题上加入"部分覆盖"思想，将完全覆盖标准降低为部分覆盖标准，并以部分覆盖标准对社区应急避难场所的覆盖情况进行分析。

设 $E_i(i=1,2\cdots m)$ 为社区住宅楼集合；$S_j(j=1,2\cdots n)$ 为候选社区应急避难场所集合；p 为设置的应急避难场所总数量（$p\leqslant n$）；α_i 为社区住宅楼 E_i 的时间满意度水平；ω_i 为社区住宅楼 E_i 的预测疏散居民数量；L_i 为社区住宅楼 E_i 在时间满意度为 1 时的最大距离；U_i 为社区住宅楼 E_i 在时间满意度为 0 时的最小距离；t_{ij} 为候选避难场所 S_j 到社区住宅楼 E_i 的时间；C_j 为城市疏散管理部门对候选避难场所 S_j 的偏好程度。若被设置，则 $x_j=1$，反之 $x_j=0$；若 $F(t_{ij})\geqslant\alpha_i$，则 $y_{ij}=1$，反之 $y_{ij}=0$。$F(t_{ij})$ 为社区住宅楼 E_i 对候选避难场所 S_j 的疏散时间满意度函数：

$$F(t_{ij})=\begin{cases} 1 & t_{ij}\leqslant L_i \\ (U_i-t_{ij})/(U_i-L_i) & L_i\leqslant t_{ij}\leqslant U_i,1\leqslant i\leqslant m,1\leqslant j\leqslant n \\ 0 & t_{ij}\geqslant U_i \end{cases} \qquad (3-1)$$

有限设置应急避难场所的时间满意度覆盖模型如下所示：

$$\max z=\sum_{i=1}^{m}\omega_i\max\{C_iy_{ij}F(t_{ij})\} \qquad (3-2)$$

$$s.t. F(t_{ij})x_j\geqslant\alpha_iy_{ij} \qquad (3-3)$$

$$\sum_{j\in J}x_j=p \qquad (3-4)$$

$$x_j,y_{ij}\in(0,1) \qquad \forall i\in I,\forall j\in J \qquad (3-5)$$

式中，目标函数 z 表示当被覆盖的社区住宅楼对时间的满意度最大时，覆盖的疏散人数最多；式(3-3) 表示使得覆盖时间半径达到 α_i 时，才能满足所有社区住宅楼被应急避难场所覆盖；式(3.4) 表示指定的应急避难场所数量为 p；式(3-5) 表示决策变量 x_j 和 y_{ij} 均为（0，1）之间的整数变量。若 $F(t_{ij})=1,\alpha_i=1,(1\leqslant i\leqslant m,1\leqslant j\leqslant n)$，且不考虑城市疏散管理部门对候选避难场所的偏好程度 C_j，则社区住宅楼能够被完全覆盖。

随后，利用遗传粒子群算法（GA-PSO）求解模型，计算步骤如下所示：

（1）利用候选社区应急避难场所选择的偏好程度、时间矩阵和时间满意度函数求解 $C_jF(t_{ij})$，并将其与时间满意水平 α_i 相比较，得到初始覆盖矩阵 $B_{m\times n}$，即若 C_jF

$(t_{ij}) \geqslant \alpha_i$，则 $b_{ij} = 1$，反之则 $b_{ij} = 0$；

（2）设置粒子数为 n，迭代次数为 N_{max}，随机产生 n 个初始解 X_0；

（3）根据当前位置计算适应值 R_0，设置当前适应值为 l_i，设置相应的当前位置为个体极值 P_i，从 l_i 中选择最优的作为全局极值 Pl_g，并设置相应的 P_g；

（4）对每个粒子位置 X_0 与 P_g 交叉得到 X_1'，将 X_1' 与 P_i 交叉得到 X_1；

（5）根据当前位置计算适应值 R_1；

（6）若粒子的 R_1 大于该粒子的 l_i，则更新 l_i，并设置相应的 P_i；若所有粒子中的 l_i 大于当前的 Pl_g，则更新 Pl_g，并设置相应的 P_g；

（7）若满足迭代次数，则输出 Pl_g 和 P_g；否则转至步骤（3）。

3.3.2 应急避难场所的服务覆盖范围分析

以健康西村和健康新村社区为研究对象进行分析，选取社区中的各住宅建筑为疏散需求点。健康西村社区周边共有 3 个应急避难场所，住宅建筑共 32 栋；健康新村社区周边共有 2 个应急避难场所，住宅建筑共 21 栋。两个社区的各个住宅建筑的预测疏散人数及到各个应急避难场所的距离分别见表 3-3 和表 3-4。

健康西村社区各栋住宅楼到应急避难场所的距离（m） 表 3-3

E_i	S_j			ω_i
	SS1	SS2	SS3	
101	225	598	277	50
102	165	468	338	63
103	191	563	243	50
104	130	434	304	63
105	225	529	208	50
106	165	399	269	63
107	269	486	165	50
108	208	356	226	63
109	304	451	130	50
110	243	321	191	63
201	338	416	95	58
202	278	295	156	58
203	382	382	61	58
204	312	251	121	58
205	408	278	95	58
206	347	217	156	58
301	208	286	295	62
302	243	251	260	62
303	277	217	225	62
304	312	182	184	62

续表

E_i	S_j			ω_i
	SS1	SS2	SS3	
305	347	148	225	62
306	156	217	365	58
307	191	182	329	58
308	225	147	295	58
309	260	113	260	58
310	304	78	294	58
311	130	277	556	63
312	173	234	512	63
313	208	199	477	63
314	234	165	442	60
315	277	121	408	60
316	312	95	373	60

健康新村社区各栋住宅楼到应急避难场所的距离（m）　　表 3-4

E_i	S_j		ω_i
	SS3	SS4	
301	356	52	56
302	312	95	56
303	269	139	56
304	226	182	56
305	182	225	56
306	139	269	56
307	182	312	56
401	425	69	63
402	382	113	63
403	338	156	63
404	295	200	63
405	252	243	63
406	208	286	63
407	251	330	63
501	503	147	70
502	460	191	70
503	416	243	70
504	373	277	70
505	330	321	70
506	286	364	70
507	329	408	70

为了分析应急避难场所对社区的整体覆盖程度，在 $C_j=1$ 的条件下，改变设置的应急避难场所数量 p 和时间满意度水平 α_i，分别利用 TSBMCLM 和 MCLM 模型分别对健康西村和健康新村进行计算，计算结果见表 3-5 和表 3-6。

健康西村社区 TSBMCLM 计算结果 表 3-5

相关模型	p	L_i(m)	U_i(m)	α_i	z	S_j	E_i
TSBMCLM	1	200	500	[0.1-0.3]	1858	1	全部覆盖
	1	200	500	[0.4-0.5]	1742	1	101,102,103,104,105,106,107,108,109,110,201,202,204,206,301,302,303,304,305,306,307,308,309,310,311,312,313,314,315,316
	1	200	500	[0.6-0.6]	1572	1	101,102,103,104,105,106,107,108,109,110,201,202,204,301,302,303,304,306,307,308,309,310,311,312,313,314,315,316
	1	200	500	[0.7-0.7]	1292	1	101,102,103,104,105,106,107,108,110,202,301,302,303,306,307,308,309,311,312,313,314,315
	1	200	500	[0.8-0.8]	1070	1	101,102,103,104,105,106,108,110,301,302,306,307,308,309,311,312,313,314
	1	200	500	[0.9-0.9]	832	2	206,303,304,305,306,307,308,309,310,312,313,314,315,316
	1	200	500	[1.0-1.0]	662	2	304,305,307,308,309,310,312,313,314,315,316
MCLM	1	350	350	[0.1-1.0]	1742	1	101,102,103,104,105,106,107,108,109,110,201,202,204,206,301,302,303,304,305,306,307,308,309,310,311,312,313,314,315,316
TSBMCLM	2	200	500	[0.1-0.6]	1858	1,3	全部覆盖
	2	200	500	[0.7-0.7]	1740	1,3	101,102,103,104,105,106,107,108,109,110,201,202,203,204,205,206,301,302,303,304,305,306,307,308,309,311,312,313,314,315
	2	200	500	[0.8-0.8]	1680	1,3	101,102,103,104,105,106,107,108,109,110,201,202,203,204,205,206,301,302,303,304,305,306,307,308,309,311,312,313,314
	2	200	500	[0.9-0.9]	1500	1,3	101,102,103,104,105,106,107,108,109,110,201,202,203,204,205,206,301,303,304,305,306,307,308,311,312,313
	2	200	500	[1.0-1.0]	1149	2,3	107,109,110,201,202,203,204,205,206,304,305,307,308,309,310,312,313,314,315,316
MCLM	2	350	350	[0.1-1.0]	1858	1,3	全部覆盖

续表

相关模型	p	L_i(m)	U_i(m)	α_i	z	S_j	E_i
TSBMCLM	3	200	500	[0.1-0.7]	1858	1,2,3	全部覆盖
	3	200	500	[0.8-0.9]	1796	1,2,3	101,102,103,104,105,106,107,108,109,110, 201,202,203,204,205,206,301,303,304,305, 306,307,308,309,310,311,312,313,314,315,316
	3	200	500	[1.0-1.0]	1509	1,2,3	102,103,104,106,107,108,109,110,201, 202,203,204,205,206,304,305,306,307,308, 309,310,311,312,313,314,315,316
MCLM	3	350	350	[0.1-1.0]	1858	1,2,3	全部覆盖

健康新村社区 TSBMCLM 计算结果 表3-6

相关模型	p	L_i/(m)	U_i/(m)	α_i	z	S_j	E_i
TSBMCLM	1	200	500	[0.1-0.3]	1323	2	全部覆盖
	1	200	500	[0.4-0.4]	1253	2	301,302,303,304,305,306,307,401,402,403, 404,405,406,407,501,502,503,504,505,506
	1	200	500	[0.5-0.5]	1183	2	301,302,303,304,305,306,307,401,401,403, 404,405,406,407,501,502,503,504,505
	1	200	500	[0.6-0.6]	1050	2	301,302,303,304,305,306,307,401,402, 403,404,405,406,501,502,503,504
	1	200	500	[0.7-0.7]	994	2	301,302,303,304,305,306,401,402, 403,404,405,406,501,502,503,504
	1	200	500	[0.8-0.8]	805	2	301,302,303,304,305,401,402, 403,404,405,501,502,503
	1	200	500	[0.9-0.9]	672	2	301,302,303,304,305,401,402,403,404,501,502
	1	200	500	[1.0-1.0]	616	2	301,302,303,304,401,402,403,404,501,502
MCLM	1	350	350	[0.1-1.0]	1183	2	301,302,303,304,305,306,307,401,401,403, 404,405,406,407,501,502,503,504,505
TSBMCLM	2	200	500	[0.1-0.5]	1323	1,2	全部覆盖
	2	200	500	[0.6-0.7]	1183	1,2	301,302,303,304,305,306,307,401,402,403, 404,405,406,407,501,502,503,504,506
	2	200	500	[0.8-0.8]	1043	1,2	301,302,303,304,305,306,307,401, 402,403,404,405,406,407,501,502,503
	2	200	500	[0.9-0.9]	847	1,2	301,302,303,304,305,306,307,401, 402,403,404,406,501,502
	2	200	500	[1.0-1.0]	784	1,2	301,302,303,304,305,306, 307,401,402,403,404,501,502
MCLM	2	350	350	[0.1-1.0]	1323	1,2	全部覆盖

由表 3-5 和表 3-6 可知：随着设置的社区应急避难场所个数 p 的增加，得到应急避难场所对健康西村和健康新村社区的最大覆盖人数增多，覆盖的住宅数量也随之增加；随着 TSBMCLM 模型中时间满意水平 α_i 的增加，有限应急避难场所对两个社区的最大覆盖人数降低，覆盖的住宅建筑数量逐渐减少。

另外，MCLM 模型是 TSBMCLM 的一种特例，即需求点 E_i 在时间满意度为 1 时的最大时间值（或最大距离）L_i 和在时间满意度为 0 时的最小时间值（或最小距离）U_i 取值相等。由表可知在某个时间满意度水平或区间上两种模型的计算结果一样，但 TSBMCLM 中时间满意度水平 α_i 划分范围更加精准，计算结果更加详尽，表达的意义更加丰富，可提供的分析依据更加明确，故选取 TSBMCLM 模型的计算结果得到各个应急避难场所对社区的整体覆盖范围。

3.3.3 应急疏散空间优化的仿真模拟验证

利用 TSBMCLM 模型，对健康西村和健康新村社区中各栋住宅楼中疏散人员对应急避难场所的选择情况进行计算，计算结果如表 3-7 所示。

各栋住宅楼的 TSBMCLM 模型计算结果　　　表 3-7

研究区域	应急避难场所	住宅建筑楼号
健康西村	SS1 避难场所	101,102,103,104,105,106,301,302,303,306,307,311,312
	SS2 避难场所	304,305,308,309,310,313,314,315,316
	SS3 避难场所	107,108,109,110,201,202,203,204,205,206
健康新村	SS3 避难场所	305,306,307,405,406,407,505,506,507
	SS4 避难场所	301,302,303,304,401,402,403,404,501,502,503,504

将上述避难场所对住宅楼的覆盖结果代入基于 NetLogo 仿真平台的社区人员应急疏散模型中，分析确定有组织疏散的社区人员疏散过程。从社区疏散进程中可以看出，有组织疏散的社区人员疏散过程整体呈现出"区块化"规律，即将社区疏散区域划分为多个疏散区块，某一区块中的住宅楼内居民疏散到指定的应急避难场所。社区"区块化"划分可以有效组织居民进行震后应急疏散，缓解疏散过程中出现的路径拥堵、避难场所选址不均衡等情况，加快社区居民的整体疏散进程。

在是否考虑建筑物坠落物阻塞道路、恐慌心理影响、有无合作结伴行为工况下，既有避难场所布局下无组织疏散（Case1）、优化避难场所布局下无组织疏散（Case2）和优化避难场所布局下有组织疏散（Case3）三类情况的社区应急疏散仿真结果如图 3-4 和图 3-5 所示。分析结果如下：

（1）未考虑建筑坠落物阻塞道路工况

1）仅考虑居民智能体的恐慌心理影响。三种工况下，健康西村和健康新村社区的疏散时间均呈现下降趋势。Case1 的社区应急疏散仿真结果分别为 7 分 49 秒和 6 分 58 秒，Case2 的社区应急疏散仿真结果分别为 6 分 58 秒和 6 分 09 秒，Case3 的社区应急疏散仿真结果分别为 6 分 16 秒和 5 分 29 秒。

与 Case1 相比，优化避难场所布局下无组织疏散的社区应急疏散仿真结果分别降低了 51s 和 49s，优化避难场所布局下有组织疏散的社区应急疏散仿真结果分别降低了 93s 和 89s。

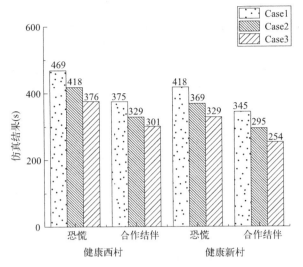

图 3-4　社区应急疏散仿真结果（未考虑建筑坠落物阻塞道路）

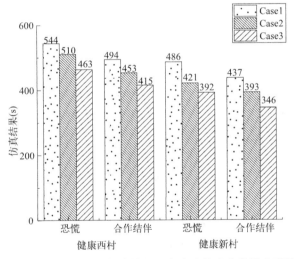

图 3-5　社区应急疏散仿真结果（考虑建筑坠落物阻塞道路）

2）综合考虑恐慌心理和合作结伴行为的影响。Case1 的社区应急疏散仿真结果分别为 6 分 15 秒和 5 分 45 秒，Case2 的社区应急疏散仿真结果分别为 5 分 29 秒和 4 分 55 秒，Case3 的社区应急疏散仿真结果分别为 5 分 01 秒和 4 分 14 秒。

与 Case1 相比，优化避难场所布局下无组织疏散的社区应急疏散仿真结果分别降低了 46s 和 50s，优化避难场所布局下有组织疏散的社区应急疏散仿真结果分别降低了 74s 和 91s。

（2）考虑建筑坠落物阻塞道路工况

1）仅考虑居民智能体的恐慌心理影响。Case1 的社区应急疏散仿真结果分别为 9 分 04 秒和 8 分 06 秒，Case2 的社区应急疏散仿真结果分别为 8 分 30 秒和 7 分 01 秒，Case3 的社区应急疏散仿真结果分别为 7 分 43 秒和 6 分 32 秒。

与 Case1 相比，优化避难场所布局下无组织疏散的社区应急疏散仿真结果分别降低了 34s 和 65s，优化避难场所布局下有组织疏散的社区应急疏散仿真结果分别降低了 81s 和 94s。

2）综合考虑恐慌心理和合作结伴行为的影响。Case1 的社区应急疏散仿真结果分别为 8 分 14 秒和 7 分 17 秒，Case2 的社区应急疏散仿真结果分别为 7 分 33 秒和 6 分 33 秒，Case3 的社区应急疏散仿真结果分别为 6 分 55 秒和 5 分 46 秒。

与 Case1 相比，优化避难场所布局下无组织疏散的社区应急疏散仿真结果分别降低了 41s 和 44s，优化避难场所布局下有组织疏散的社区应急疏散仿真结果分别降低了 79s 和 91s。

由此可知，考虑有组织疏散下避难场所的布局优化，合理规划现有应急避难场所的空间布局，选定位置合理的备选应急避难场所，并将整个社区划分为多个疏散区块，为每个区块设置特定的应急避难场所，可以组织社区居民进行震后高效有序的应急疏散，有效提高社区整体疏散效率，显著降低社区整体疏散时间。

3.4 高密度社区应急疏散空间优化策略

3.4.1 提高社区居民防灾意识

社区应急疏散分析结果反映了震后紧急情景下社区应急疏散管理工作的不足，社区引导标识体系是否完善、应急疏散演练是否开展以及社区管理部门宣传工作是否到位等都会影响社区居民的整体疏散效率。因此，提出以下三方面建议：

（1）定期开展应急疏散演练

高密度社区由于人员高度集中的特性，以及居民应急疏散知识的严重匮乏，导致社区居民在安全疏散过程中呈现出较强的随机性和盲目性，还会出现不必要的人员踩踏伤亡事故，因此开展以社区为单位的应急疏散演练的需求更加迫切。

通过定期开展应急疏散演练的方式，可以做到及时发现建筑物内部楼梯、门口等区域可能发生的人员拥堵现象，以及社区各个道路交叉口和十字路口处的人员密度增大的情况；还可以不断提高社区居民对应急疏散演练的重视程度，不断提高社区应急疏散演练的有效性和安全性。

（2）提高防灾避难宣传力度

社区管理人员对防灾避难的宣传方式和宣传力度也是影响社区居民防灾意识的重要因素。在定期安排疏散演练的基础上，管理人员还应该充分了解社区每位居民对防灾避难的认知水平，针对认知水平较低的人员，通过网络、广播、宣传板、知识讲座、防灾手册等形式定期开展宣传教育，向居民介绍社区的突发灾害应急预案、社区内部的应急疏散通道及应急疏散设施等防灾知识。

另外，还可以通过组建宣传小组的形式，由社区内对防灾避难充分了解的居民担任组长，定期主持开展小组内部的宣传会议，将防灾避难理念落实到每位居民身上，同时小组成员还可以进行交互式讨论，通过讨论不断增强成员的防灾意识，加大社区防灾避难的宣传力度。

（3）增加引导设施

根据图 3-6 所示，在社区中容易产生人流聚集的道路交叉口和十字路口区域（交叉口1、交叉口2、交叉口3及交叉口4）增设疏导居民的标识体系，标识出社区出口以及附近应急避难场所的方向和距离，并通过广播等方式实时反映社区内各个关键路段的疏散情况，引导居民合理判断前方路段的拥堵情况，及时改变疏散路线。

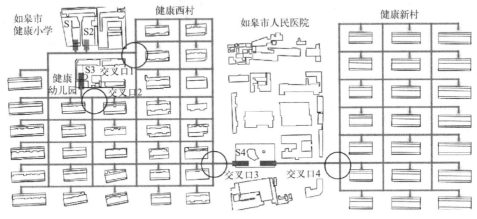

图 3-6 引导设施增设点

同时，在突发灾害发生后，应立即安排社区管理人员在住宅楼门口及关键路段进行道路疏散引导，降低居民疏散的恐慌心理，防止疏散过程中不必要的混乱和踩踏等人员伤亡事故。

3.4.2 增加社区道路有效宽度

（1）改造社区公共空间

针对社区单元出入口处出现的杂物堆积现象，制定切实可行有效的清理改造策略，整理被占用的公共道路空间，使其恢复疏散道路的有效宽度。如图 3-7 所示，对社区居民占用公共道路及空间堆放杂物的现象，进行清理和环境设计，改善人行道路的有效宽度。

图 3-7 杂物堆积现象改造

另外，对于社区居民占用公共道路空间进行私搭乱建的现象，进行合理拆除，打通社区单元出入口以及步行道路处的疏散通道。如图 3-8 所示，图片中社区存在居民私自建设围栏及花园，管理人员负责对其进行处理，有效扩大社区单元出入口及人行道路的有效宽度。

图 3-8　私搭乱建现象改造

（2）设立禁停区域

根据图 3-9 所示，健康西村和健康新村社区内部存在三条易拥堵路段，可以通过设立"禁停区域"，降低社区中车辆对疏散道路的占用率，增加社区疏散道路的有效宽度。同时，为改善社区中容易出现的停车乱象，可以充分利用社区的闲置区域增设固定停车区域，提高社区道路网络的畅通性。

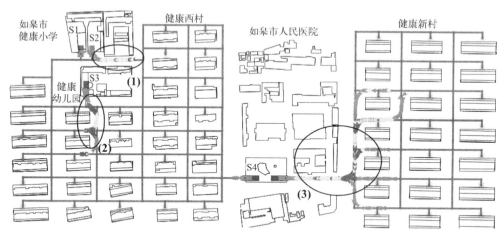

图 3-9　社区易拥堵路段空间分布

（3）增设救援通道

高密度社区的道路空间除了满足灾时居民逃生的需求，还应该满足消防、医疗等救援车辆的通行。分别对社区单元出入口、连接单元出入口的步行道路以及连接城市主干道的主要附属道路的道路空间进行规划设计，有效标出社区的消防及医疗应急救援通道。另外，针对社区疏散道路红线宽度较窄的情况，提出预留应急救援通道的方式，满足社区的应急救援要求，提高疏散救援效率。

3.4.3　建筑非结构构件加固

建筑非结构构件指的是建筑中除承重骨架体系以外的固定构件和部件，主要包括非承重墙体、附着于楼面或屋面结构的构件、装饰构件及部件、固定于楼面的大型储物架等。地震灾害发生时，建筑非结构构件在惯性或结构变形的作用下发生瓦解剥落，随之产生的坠落物则会在疏散道路上产生大范围堆积，严重影响社区疏散道路的通行能力。因此，以实现抗震设防且保证不发生危及生命的破坏为目标，对非结构构件进行加固，可以有效提高社区疏散道路的畅通性。

首先对建筑非结构构件进行分类，包括非承重墙体、屋面附属结构和突出结构、幕墙和门窗、装饰和保温材料以及各类管道。同时，总结在地震作用下各类建筑非结构构件破坏特征及产生原因，详见表3-8。

地震作用下各类建筑非结构构件破坏特征及产生原因　　　　　　　　表3-8

建筑非结构构件	破坏特征及产生原因
非承重墙体	与主体结构拉结不牢靠而导致填充墙破坏，采用脆性材料
屋面附属结构和突出结构	与下部结构连接不牢靠而出现女儿墙破坏，"鞭梢效应"放大地震作用
幕墙和门窗	与主体结构连接不牢靠而导致幕墙破坏，不能适应墙体或主体结构变形而导致门窗歪曲破坏
装饰和保温材料	长期冻融温变下装饰面脱落，无法适应较大的墙体变形而出现装饰材料拉裂破坏，无法适应地震变形作用而出现保温材料挤压脱落
管道	无法适应较大的水平侧移，与建筑物的连接不牢靠

基于前文对建筑非结构构件破坏原因的分析，为提高建筑非结构构件的抗震性能，减小建筑倒塌坠落物对疏散道路的影响范围，针对各类建筑非结构构件的加固措施有以下几种方式，详见表3-9。

针对各类建筑非结构构件的加固措施　　　　　　　　表3-9

建筑非结构构件	加固措施
填充墙	采用轻质高强材料，与主体结构之间设缝，加强与主体结构之间的拉接
女儿墙	加强与主体结构之间的拉接，采用轻质材料
幕墙和门窗	幕墙与主体结构之间采用弹性连接，提高门窗的变形能力
装饰和保温材料	采用轻质材料，加强与主体结构之间的连接
管道	加强与建筑物之间的连接

3.5　本章小结

以社区应急避难场所占用情况分析结果为基础，首先，对现有避难场所布局进行重新规划，增设备选避难场所，确定了无组织疏散过程的避难场所优化方案并进行模拟验证；其次，引入疏散时间满意度函数，构建社区有组织的应急疏散优化模型（TSBMCLM），优化避难场所空间布局，提出社区建筑的有组织疏散策略，并进行模拟验证；最后，从提高居民防灾意识、扩宽道路有效宽度及建筑非结构构件加固三方面，提出相应的应急疏散优化策略。

第4章
城市典型片区应急避难疏散仿真

固定避难场所是震后人员中长期避难的主要场所，其抗震救灾能力是灾后救援工作的关键。城市片区的固定避难场所规划建设过程中往往忽略了对关键固定避难场所的重点设防，一旦重点场所毁坏，对灾后的救援工作将造成严重影响。此外，不同片区的灾后恢复能力影响了人员的避难时长，场所中人员的避难需求动态变化是对灾后救援工作有效开展的重要考验。

震后疏散经验表明固定避难的无序性不容忽视，应急避难疏散由于缺乏有效组织管理，造成避难人员伤亡和避难困难的实例很多。1976年唐山地震，北京数百万人离开住宅避难，仅中山公园、天坛公园和陶然亭公园就涌入17.4万人，严重影响了首都城市功能的正常运转。2008年汶川地震后，大批受灾群众涌入绵阳市区寻求避难，绵阳九州体育馆这个设计容纳6050人的体育馆，从2008年5月13日到2008年6月29日，接待避难人员约10万人次。高峰时每天有约3万人入住，避难人员拥挤，饮水及厕所等必要的设施严重不足。我国针对固定避难的无序性相关的建设及管理应对策略讨论尚未提上日程，目前存在的主要问题有：①城市人员固定避难疏散无序性未考虑片区空间特征的影响；②固定避难场所的规划设计往往忽略了不同类型城市片区的特点；③缺乏对关键固定避难场所以及固定避难资源需求动态变化的重视，如图4-1所示。

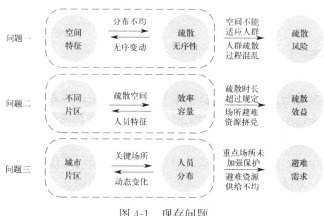

图 4-1 现存问题

目前城市片区固定避难的问题仍然比较突出，不利于人员安全疏散和合理避难。因此，开展城市片区固定避难阶段的人员疏散和避难研究对于城市震后开展救灾工作有着重要的意义。

4.1 问题描述及模型假定

4.1.1 疏散无序性

现阶段，我国城市片区固定避难设施配置缺乏针对性，忽略了片区内不同需求人员对避难场所设置的影响。医疗、无障碍等特殊设施配置难以覆盖所有场所，避难场所吸引力的差异性加大了人员的无序性变动。

固定避难生活包括避难者在避难空间设施内的衣、食、住、行、医等生活状况。同时，不同人员对避难生活的要求也不同，如部分疏散弱势群体，即灾后伤员、老年人、孕妇、残障人员等，灾害来临之时，除基本生活需求之外，需要满足其身体限制的服务需求。对近年来重大灾害的研究表明，灾后伤员、老年人、孕妇、残障人员在用餐、洗浴、便溺、宿住、卫生等方面有着不同的要求。目前不同功能用地上避难场所建设未体现差异性，片区内避难设施的建设程度不统一，进而影响震害情形下人员对于避难场所的选择。相关研究表明，不同功能用地的避难场所对人员疏散选择的吸引度不同，针对不同片区内的人员特征，制定相应固定避难场所的建设及管理要求，可以有效地缩短避难生活时间，提高避难效益。

由于不同固定避难场所对片区内疏散人员的吸引度不同，容易造成人员疏散过程呈现无序性。疏散无序性是指突发情况下由于多个避难场所共同覆盖服务区域内的人员受自身特征及疏散距离、避难场所容量、避难设施等因素影响，导致疏散过程中人员避难选择的无序性，最终造成片区整体疏散时间过长或避难场所人员分布的不均衡，如图 4-2 所示。相较于紧急避难，固定避难的疏散无序性更容易造成较大范围内人员选择和分布的无序，给震后救援安置等工作带来更大困难。

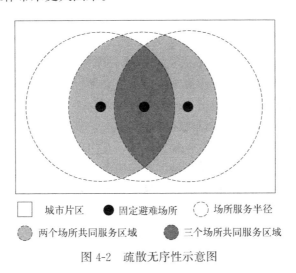

□ 城市片区　● 固定避难场所　⟲ 场所服务半径

▨ 两个场所共同服务区域　▨ 三个场所共同服务区域

图 4-2　疏散无序性示意图

4.1.2 模型假定

在城市片区人员疏散研究中，应用仿真模型方法进行多智能体系统建模能够更好地反映实际情形。在固定避难疏散的过程中，由于受灾人员的人数、年龄、身心健康及疏散环境等因素的不同，片区整体疏散无序性也存在差异。为了使模型中片区固定避难过程中人员的疏散无序性更贴近实际情形，本章将分析避难人员的疏散效率和各个固定避难场所的利用率，进而评价各片区固定避难效益并给予相应的优化建议。考虑影响固定避难人员疏散无序性的多个避难场所特征因素，应用 NetLogo 仿真软件构建片区固定避难人员疏散模型，模拟片区人员固定避难疏散。模型基于以下假定：

（1）人员疏散中途不折返、不更换目标固定避难场所；

（2）人员熟悉所在片区道路，均以最短路径疏散；

（3）人员均以规划疏散道路进行疏散，各道路均可通行；

（4）出于安全考虑，人员仅选择步行疏散；

（5）避难人员按照规划在片区内部进行避难疏散。

应用 NetLogo 进行仿真模拟，主要包括以下几个方面：

（1）基于 GIS 生成城市片区疏散环境，包括避难场所、疏散道路及疏散单元等；

（2）确定避难人数及人员时空分布，人员属性初始化及疏散规则，包括初始速度、疏散速度及避难目标等；

（3）综合考虑人员选择固定避难场所进行疏散的影响因素，包括避难场所容量、设施状况及路程等；

（4）针对不同类型片区特点，包括工业类型、居住类型及综合类型片分别进行仿真模拟；

（5）片区固定避难仿真结果分析研究。

4.2 基于 SPA-VFRM 的片区疏散无序性风险评价

4.2.1 片区疏散无序性评价体系建立

为比较不同片区固定避难过程中人员疏散的无序性，需选取合适的指标进行分析判断。根据评价目标及片区特征，考虑影响人员疏散无序性的片区空间形态、避难资源及人员分布等相关因素，进一步确立以下评价指标：

（1）紧凑度 C，该指标用于衡量片区的空间形态，其值由片区外围边界的轮廓形状决定。当紧凑度的值为 1 时，片区外围轮廓为圆形，其内部空间的紧凑程度最高，避难场所的分布相对集中，场所服务覆盖交叉区域的面积最大。随着紧凑度逐渐降低，片区空间的紧凑程度降低，当紧凑度的值接近 0 时，片区外围轮廓接近矩形，避难场所可分散分布，场所服务覆盖交叉区域的面积更小。紧凑度 C 的计算方法如式(4-1) 所示：

$$C=2\sqrt{\pi A}/G \tag{4-1}$$

式中　A——片区空间的面积（m²）；

　　　G——片区外围轮廓的周长（m）。

（2）道路密度 R，用于衡量片区内部疏散空间，由道路面积与片区总面积的比例决定。显然，道路密度越小，片区内部疏散空间越小，固定避难过程中人员疏散无序性越突出，反之，人员疏散无序性将得到减缓。道路密度 R 的计算方法如式（4-2）所示：

$$R = E/A \tag{4-2}$$

式中 E——片区内部疏散道路面积（m^2）；

A——片区空间的面积（m^2）。

（3）拥挤度 S，该指标用于衡量片区内部避难资源供应受灾人员的拥挤程度，其值由片区的避难容量和初步估算的避难人数决定。当拥挤度超过 1 时，片区内部避难容量不能承载避难人数，片区避难空间十分拥挤，人员疏散无序性最为突出；当拥挤度接近或等于 1 时，片区的避难容量基本能够满足需求，避难空间较为拥挤，人员疏散过程中无序性较为突出；随着拥挤度的降低，片区避难容量能够供应避难人数，人员疏散无序性也随之减缓。拥挤度的计算方法如式（4-3）所示：

$$S = N/V \tag{4-3}$$

式中 N——片区预估的固定避难人数（人）；

V——片区总避难容量（人）。

（4）场所数量 Q，该指标用于衡量片区内部固定避难场所数量（个），当避难场所越多，人员可选择的疏散目的地越多，疏散过程中的无序性越突出。

（5）信息熵 H，该指标用于衡量片区内部不同功能类型用地的均衡程度，用地类型越复杂，活动人口分布和构成越复杂，一定程度上影响人员疏散无序性。假设片区总面积为 A（m^2），根据功能的不同划分 m 个用地，则片区内部每一类功能用地的面积为 A_i（m^2），那么任一类功能类型用地与片区总面积的比例为 P_i，计算方法如式（4-4）所示。信息熵的计算方法参考 Shannon-Weaner 指数，如式（4-5）所示：

$$P_i = A_i/A \tag{4-4}$$

$$H_i = -\sum_{i=1}^{m} P_i \ln P_i \tag{4-5}$$

式中 H_i——第 i 个片区的信息熵。

基于以上 5 个评价指标构建片区人员疏散无序性的评价体系，如表 4-1 所示。

片区疏散无序性评价体系

表 4-1

评价目标	一级指标	二级指标	量化指标
片区疏散无序性	空间形态	紧凑度	C
		道路密度	R
	避难资源	拥挤度	S
		场所数量	Q
	人员特性	信息熵	H

4.2.2 基于 SPA-VFRM 的典型片区疏散无序性风险评价步骤

基于集对分析的片区人员疏散无序性评价可变模糊识别模型建立流程如下：

（1）建立片区人员疏散无序性评价指标体系的样本集，记为 $\{X_{ij}|i=1,2,\cdots,n';j=1,2,\cdots,m'\}$。其中，$i$ 和 j 分别为样本编号和指标编号；n' 和 m' 分别为样本总数和指标总数。首先对片区原始数据进行无量纲化处理，记为 $\{X_{ij}|i=1,2,\cdots,n';j=1,2,\cdots,m'\}$，计算方法如式（4-6）和（4-7）所示：

效益型指标，采用

$$x_{ij}=\frac{X_{ij}-\min X_{ij}}{\max X_{ij}-\min X_{ij}} \tag{4-6}$$

成本型指标，采用

$$x_{ij}=\frac{\max X_{ij}-X_{ij}}{\max X_{ij}-\min X_{ij}} \tag{4-7}$$

（2）根据评价体系中各个指标的作用方向，对其进行优劣排序，得到样本集的理想"最优"和"最劣"样本，即理想点和反理想点，分别记为 $\{S_j|j=1,2,\cdots,m'\}$，$\{T_j|j=1,2,\cdots,m'\}$。将第 i 样本的第 j 指标值 x_{ij} 与（反）理想点对应指标值看成1个集对，从同、异、反三个方面定量分析它们的接近程度，与理想点之间的单指标差异度 u_{ij}，计算方法如式（4-8）所示：

$$u_{ij}=\begin{cases}1,x_{ij}=s_j\\(x_{ij-t_j})/(s_j/t_j),t_j<x_{ij}<s_j\\0,x_{ij}=t_j\end{cases} \tag{4-8}$$

（3）样本和理想点、反理想点之间的相对差异程度，分别记为 d_g 与 d_b，计算方法如式（4-9）和（4-10）所示：

$$d_g=\Big\{\sum_{j=1}^m\{w_j[1-u_{ij}]\}^p\Big\}^{\frac{1}{p}},(i=1,2,\cdots,n') \tag{4-9}$$

$$d_b=\Big\{\sum_{j=1}^m\{w_ju_{ij}\}^p\Big\}^{\frac{1}{p}},(i=1,2,\cdots,n) \tag{4-10}$$

式中　p——距离参数，取值为1或2，其所对应的分别为海明距离或欧式距离；

　　　w_j——评价指标的权重，满足 $\sum_{j=1}^m w_j=1$。

（4）计算样本隶属于模糊集"理想点"的综合隶属度 v_i，根据"综合隶属度越大，片区人员疏散无序性越突出"的原则，对不同片区的人员疏散无序性大小进行排序。具体计算方法如式（4-11）所示：

$$v_i=\frac{1}{1+\left(\dfrac{d_g}{d_b}\right)^\alpha},(i=1,2,\cdots,n) \tag{4-11}$$

式中　α——优化准则参数，取值为1或2时分别对应最小一乘准则或最小二乘准则。

当优化准则 $\alpha=1$、距离参数 $p=2$ 时，可变模糊识别模型即为理想点模型；当 $\alpha=1$、$p=1$ 时，可变模糊识别模型即为模糊综合评判模型；当优化准则 $\alpha=2$、距离参数 $p=1$ 时，可变模糊识别模型即为神经网络神经元非线性特征的 Siamoo 励函；当优化准则 $\alpha=2$、距离参数 $p=2$ 时，可变模糊识别模型即为模糊优选模型。

4.2.3 实例应用

（1）研究区域概况

为实现城市片区固定避难人群疏散无序性的仿真模拟实验，选取位于河南省中部的许昌市中心城区的片区作为研究对象。许昌市地处华北地震区华北平原地震带，境内有多条地震断裂带，据现有史料记载，该地曾经先后发生过4次6级左右地震，具有震源浅、灾害重的特点，因此，以该城市中心城区作为研究对象具有一定代表性。根据许昌市的相关规划资料可知，该中心城区已划分一级防灾片区6个，二级防灾片区31个，如图4-3所示。该城区规划固定避难场所74个，有效避难建设面积约为432.45ha，可有效疏散216.23万人。

图4-3 许昌市中心城区防灾片区

由于各个片区的功能用地构成不同，其疏散人口特性存在较大的差异，对该中心城区的二级防灾片区进行分类，构建片区评价体系进行评价分析，选取人群疏散无序性较为突出的片区作为典型代表，分别开展仿真研究。

片区的分类主要考虑人口活动区域，对片区内部未开放用地、绿地等人口较为稀少的用地不计数，将同一类功能用地占比达到50%及以上的片区归类为同一功能类型片区。针对片区固定避难过程中人员疏散无序性进行探究，仅有一个避难场所的片区不作考虑。根据统计结果可分为以下三种类型片区：工业片区、居住片区、综合片区，如表4-2所示。

片区分类 表4-2

片区类型	片区编号
工业片区	17、19、27
居住片区	5、7、14、16、18、20、21、24、26、29、30
综合片区	3、6、8、10、13、23、25、28、31

（2）计算结果分析

应用 SPA-VFRM 进行评价首先需要确定评价指标的权重。层次分析法（Analytic Hierarchy Process，AHP）具有计算简便实用，定性与定量相结合的特点，广泛应用于综合评价决策。但是，该方法在指标两两对比评价时，容易受到主观判断的影响，需多方面考虑，并结合多位学者或专家的建议，才能保证指标权重的合理性。应用层次分析法计算片区疏散无序性评价体系中各指标的权重，结果如表 4-3 所示。

层次分析计算权重 表 4-3

片区空间特征	AHP 计算得到的权重
紧凑度 C	0.4162
道路密度 R	0.1611
拥挤度 S	0.0986
场所数量 Q	0.2618
信息熵 H	0.0624

为弥补 AHP 受主观评判影响较大的缺点，可结合客观赋权的方法进一步修正。变异系数法可以通过评价指标所包含的客观数据，直接计算得到各个指标的权重。其原理是根据各项指标的数值差异程度判断其权重的大小，当各个评价对象在某一指标上的数值差异较大，能够明确区分开，则说明该指标的分辨信息较丰富，因而应给该指标较大的权重；反之，当各个评价对象在某一项指标上的数值差异较小，那么这项指标的区分能力较弱，因而应给该指标较小的权重。由于该方法受指标信息量影响较大，得到的权重结果与实际情形存在一定的偏差，单独应用于综合评价的空间较小，可与层次分析法结合应用。

片区的相关资料来自实际规划工程，其各项空间特征数据依据城市规划资料、实地调研、专家评价等综合设定，片区的信息数据如表 4-4 所示。

片区评价指标的数据 表 4-4

片区编号	紧凑度 C	道路密度 R	拥挤度 S	场所数量 Q	信息熵 H
3	0.8497	0.0838	0.1817	2	1.6904
5	0.8889	0.0830	0.2827	4	1.0377
6	0.8511	0.0887	0.2004	4	1.4998
7	0.8860	0.0795	0.5939	2	1.2897
8	0.8334	0.1005	0.3106	3	1.5079
10	0.6006	0.0926	0.3063	2	1.9074
13	0.8303	0.1124	0.2908	2	1.4087
14	0.8431	0.1026	0.4370	2	1.3281
16	0.8088	0.0986	0.4768	3	1.3955
17	0.8718	0.0967	0.2733	4	1.2609
18	0.8304	0.0930	0.5552	2	1.1824
19	0.7988	0.1018	0.1283	3	1.6331
20	0.8595	0.0878	0.3248	2	1.2506

续表

片区编号	紧凑度 C	道路密度 R	拥挤度 S	场所数量 Q	信息熵 H
21	0.8804	0.1077	0.3865	2	1.4006
23	0.8928	0.1035	0.4888	4	1.5296
24	0.8445	0.1127	0.7354	3	1.3272
25	0.8699	0.0975	0.3623	4	1.5769
26	0.7812	0.1117	0.6613	3	1.2093
27	0.8398	0.0903	0.1077	2	1.4340
28	0.7701	0.1078	0.4947	4	1.6608
29	0.8375	0.1003	0.2995	3	1.4969
30	0.8909	0.0921	1.2849	3	1.4696
31	0.8496	0.0732	0.1119	2	1.6337

根据表 4-4 中各个片区的信息数据应用变异系数法计算指标的权重，结果如表 4-5 所示。

变异系数法计算权重 表 4-5

片区空间特征	变异系数法计算得到的权重		
	工业片区	居住片区	综合片区
紧凑度 C	0.0398	0.0474	0.0985
道路密度 R	0.0544	0.1385	0.1185
拥挤度 S	0.4844	0.3846	0.3935
场所数量 Q	0.3037	0.3125	0.3063
信息熵 H	0.1176	0.1170	0.0832

考虑到层次分析法和变异系数法各自的优缺点，将两者进行组合得到兼具主客观的组合权重。组合权重的计算方法如式（4-12）所示，计算结果如表 4-6 所示。

$$w_j = \frac{w'_j \times w''_j}{\sum w'_j \times w''_j} \tag{4-12}$$

式中　w_j——第 j 个片区空间特征的组合权重；

　　　w'_j——第 j 个特征因素的层次分析法计算权重；

　　　w''_j——第 j 个空间特征的变异系数法计算权重。

组合权重 表 4-6

空间特征	组合法		
	工业片区	居住片区	综合片区
紧凑度 C	0.1037	0.0973	0.2226
道路密度 R	0.0548	0.1349	0.1036
拥挤度 S	0.2985	0.2292	0.2105
场所数量 Q	0.4971	0.4945	0.4352
信息熵 H	0.0459	0.0441	0.0282

根据表 4-4 的指标数据和表 4-6 的主客观组合权重，应用 Matlab 计算软件基于 SPA-FVRM 分别对不同功能类型片区进行评价。由于模型中优化准则参数和距离参数的变化，在四种不同组合参数下，片区人员疏散无序性隶属度也随着变化，因此，取四种不同组成参数的平均隶属度作为平均对象的最终隶属度，进而根据该值的大小进行排序。其结果如表 4-7～表 4-9 所示。

工业片区综合隶属度　　　　表 4-7

片区编号	综合隶属度					排序
	$\alpha=1, p=1$	$\alpha=1, p=2$	$\alpha=2, p=1$	$\alpha=2, p=2$	平均值	
17	0.9541	0.9280	0.9977	0.9940	0.9685	1
19	0.3314	0.4024	0.1973	0.3119	0.3108	2
27	0.0796	0.0960	0.0074	0.0111	0.0485	3

居住片区综合隶属度　　　　表 4-8

片区编号	综合隶属度					排序
	$\alpha=1, p=1$	$\alpha=1, p=2$	$\alpha=2, p=1$	$\alpha=2, p=2$	平均值	
5	0.7125	0.6891	0.8599	0.8308	0.7731	1
7	0.4114	0.3144	0.3281	0.1737	0.3069	6
14	0.2029	0.1701	0.0609	0.0403	0.1186	9
16	0.4619	0.4791	0.4243	0.4583	0.4559	4
18	0.2763	0.2459	0.1272	0.0961	0.1864	7
20	0.2138	0.1909	0.0689	0.0527	0.1316	8
21	0.1971	0.1717	0.0568	0.0412	0.1167	10
24	0.5614	0.5463	0.6210	0.5918	0.5801	2
26	0.4592	0.5109	0.4190	0.5218	0.4777	3
29	0.4011	0.4309	0.3097	0.3643	0.3765	5

综合片区综合隶属度　　　　表 4-9

片区编号	综合隶属度					排序
	$\alpha=1, p=1$	$\alpha=1, p=2$	$\alpha=2, p=1$	$\alpha=2, p=2$	平均值	
3	0.3195	0.3071	0.1807	0.1642	0.2429	6
6	0.7425	0.7375	0.8926	0.8876	0.8151	4
8	0.5411	0.5423	0.5816	0.5839	0.5622	5
10	0.1875	0.1959	0.0506	0.056	0.1225	9
13	0.2733	0.3017	0.1239	0.1574	0.2141	8
23	0.8954	0.8651	0.9865	0.9763	0.9308	1
25	0.8268	0.8334	0.958	0.9616	0.8950	2
28	0.8011	0.7919	0.9419	0.9354	0.8676	3
31	0.306	0.3087	0.1627	0.1663	0.2359	7

为了能够直观地对比分析同一类型各个片区的不同隶属度大小，绘制了点线图，如图 4-4～图 4-6 所示。

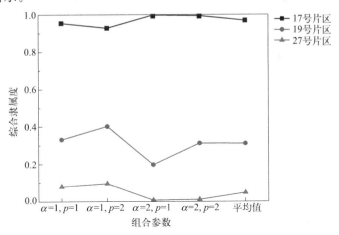

图 4-4　工业片区的疏散无序性

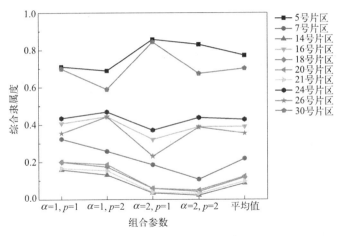

图 4-5　居住片区的疏散无序性

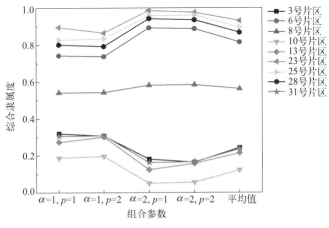

图 4-6　综合片区的疏散无序性

由表 4-7～表 4-9 及图 4-4～图 4-6 可知，工业片区、居住片区及综合片区在不同状况的最大隶属度分别为 17 号、5 号和 23 号片区。说明这三个片区在其所属的功能片区中，固定避难过程中人员疏散的无序性最为突出，故选取其作为功能类型片区的研究对象。

4.3 Netlogo 疏散仿真模型构建

4.3.1 片区疏散仿真环境构建

为实现基于 NetLogo 平台的片区固定避难疏散仿真模拟，需先获取研究片区的地理空间信息。首先，利用 CAD 绘制研究片区、疏散道路和固定避难场所的轮廓图；其次，导入到 ArcMap GIS 中进行处理，应用 NetLogo 仿真平台中的 GIS 扩展模块导入片区疏散道路和固定避难场所布局等地理空间数据进而实现人员疏散可视化。

在 NetLogo 仿真模型中，为便于仿真研究，片区内部的疏散道路简化为"网状"的路网形式，并划分片区构成多个疏散单元分别进行疏散，以疏散单元中心位置作为疏散起点，以各个固定避难场所作为疏散终点，实现片区地理空间的仿真环境。

在构建仿真环境后，需进一步设定人员的分布状况和疏散速度。根据不同类型片区的人口时空流动性特点，从空间和时间两个维度上综合考虑片区的避难人口分布。首先空间分布是基于现有规划的片区固定避难人数，按照面积占比估算各个疏散单元上的避难人数；进一步考虑时间分布即不同时间段不同功能用地上人口的波动。疏散单元避难人数的计算方法如式(4-13) 和式(4-14) 所示：

$$P_i = P_总 \times \frac{S_i}{S_总} \tag{4-13}$$

$$P'_i = P_i \times v \tag{4-14}$$

式中 P_i——片区疏散单元人数（人）；

$P_总$——片区规划固定避难人数（人）；

S_i——疏散单元面积（m^2）；

$S_总$——片区疏散单元总面积（m^2）；

P'_i——考虑时空因素影响估算的固定避难人数（人）；

v——时间因素系数。

根据前人的研究，总结出人员疏散速度与其年龄、密度及方向等的关系以设定仿真模型中人员智能体的疏散速度变化规律。参考现有研究，由于性别、年龄及身体健康状况等因素会影响人员的疏散速度，即人员平均疏散速度在一定范围内存在波动，对各个年龄层设定的初始速度分别为：成人速度为 1.2～1.4m/s，小孩速度为 0.9～1m/s，老人的速度为 0.8～0.9m/s。

片区固定避难阶段，大量受灾人员通过疏散道路前往固定避难场所，道路上疏散人数逐渐增多，人员密度也随之增大，人员疏散速度相应降低。同时由于避难人员选择的目标场所不同，片区整体疏散过程中呈现人员无序性流动，而对向流动也一定程度上影响人员的疏散速度，对疏散人员的对向速度折减 30%。智能体疏散速度与人员密度的关系参考表 2-4。

4.3.2　避难人员疏散选择概率

片区固定避难阶段，疏散人员对避难场所的选择受多种因素影响，结合避难实际情形及研究片区固定避难场所相关信息，建立固定避难场所吸引度评价体系，并利用层次分析和熵权法赋权的优劣解距离法计算研究片区各个避难场所的吸引度，进而应用哈夫引力模型得到各个疏散单元上人员的疏散选择概率。

1. 吸引度评价体系

目前，关于避难场所评价指标的相关研究主要集中于紧急避难场所，而针对固定避难场所的评价体系研究相对较少。因此，参考已有研究中对紧急避难场所的空间特征选取原则，综合考虑疏散人员的固定避难需求，针对片区内已规划的固定避难场所（广场、绿地、体育馆等）构建片区固定避难场所吸引度评价体系，如表 4-10 所示。

安全性：主要指的是避难场所所处地理地势情况有利于抵抗灾害的破坏，并保障疏散人员的安全。在地震等灾害发生后，原有的地形建筑可能会遭受破坏，而固定避难场所需要提供疏散人员 4～5 天的避难时长，故其抵御灾害保障安全的能力是一重要评价指标。

容纳性：指固定避难场可提供疏散人员进行避难的最大人数。由于受灾人员需进行中长期的避难，场所的容量越大，人员选择的意愿更强烈。

有效性：是指避难场所能够满足疏散人员避难需求的能力。由于疏散人员需要在固定避难场所停留 4～5 天的时间，故避难场所的物资储备、建设状况、距医院的路程以及其所提供的人均有效避难面积等都是重要指标。

固定避难场所吸引度评价体系

表 4-10

一级	二级指标	量化说明
安全性	场地风险	考虑避难场所场地状况、周边建筑物易损情况和次生灾害等综合风险，场所周边 200m 范围内的建筑面积占比
容纳性	避难容量	依据规范标准要求人均有效避难面积不低于 $2m^2$ 的最大容纳避难人数
有效性	避难设施	避难场所内用于疏散人员中长期避难所需的基本设施，参考城市避难场所及设施建设时间，以实际调研评估设施可服务年限除以设施服务周期表征
	消防资源	以场所与最近消防站的距离表征
	医疗资源	以场所与最近医院的距离表征

2. 吸引度计算方法

根据《城市抗震防灾规划标准》GB 50413—2007 可知，固定避难疏散场所的责任覆盖范围为 2～3km，要求疏散人员能够在 1h 内抵达。当片区内多个固定避难场所的服务范围相互交叉覆盖，该区域上的人员可依据场所吸引度选择避难场所进行疏散。

为得到固定避难场所的吸引度，需先计算不同场所空间特征的权重。首先，应用层次分析法对各个特征因素对比分析，同时考虑到层次分析法受主观判断影响较大的缺点，需结合客观的熵权法进一步修正，得到更为合理的组合权重。其次，将组合权重赋值于优劣解距离法（Technique for Order Preference by Similarity to an Ideal Solution，TOPSIS）进行吸引度计算。优劣解距离法是一种有效的多指标评价方法。该方法依据评价对象各个指标数据构造正理想解和负理想解，即各指标的最优值和最劣值，通过计算各个样本与理想样本的相对贴近度，即靠近正理想解和远离负理想解的程度，来对样本进行评价排序。计算方法如下：

（1）指标标准化。由于各个指标数据差异程度不同，需进行无量纲化处理。建立评价对象样本 $Y=(y_{ij})_{n''\times m''}$。量化方法与 4.2.2 节中式（4-6）和式（4-7）相同。

（2）确定正理想解 Y^+ 和负理想解 Y^-。正理想解为假定的最优样本，即各个指标均为所评价对象中的最优值，而正理想解为假定的最差方案，即各个指标均为所评价对象中的最差值。计算方法如式（4-15）和（4-16）所示：

$$Y^+\{\max(x_{ij})|i=1,2,\cdots,n'';j=1,2,\cdots,m''\}=\{x_1^+,x_2^+,\cdots,x_n^+\} \qquad (4\text{-}15)$$

$$Y^-\{\min x(x_{ij})|i=1,2,\cdots,n'';j=1,2,\cdots,m''\}=\{x_1^-,x_2^-,\cdots,x_n^-\} \qquad (4\text{-}16)$$

（3）计算各个样本与正理想解和负理想解的距离，方法如式（4-17）和（4-18）所示：

$$D_i^+=\sqrt{\sum_{j=1}^{m''}\omega_j(x_j^+-x_{ij})^2} \qquad (4\text{-}17)$$

$$D_i^-=\sqrt{\sum_{j=1}^{m''}\omega_j(x_{ij}-x_j^-)^2} \qquad (4\text{-}18)$$

式中　D_i^+——评价样本 i 正理想解的加权欧式距离；

　　　D_i^-——评价样本 i 负理想解的加权欧式距离；

　　　ω_j——指标 j 的权重。

（4）确定相对贴近度。由于可能存在某一样本与正理想解的距离最近，而与负理想解距离并不是最远的情况，因此采用与正理想解的距离程度来判断样本的优劣，计算方法如式（4-19）所示：

$$C_i'=D_i^-/(D_i^++D_i^-) \qquad (4\text{-}19)$$

式中　C_i'——最优解的相对贴近度。

通过计算各个样本与最优解的相对贴近度 C_i，该值的大小可作为评价样本优劣的标准，即为避难场所的吸引度。

3. 哈夫模型

哈夫（Huff）模型是由美国经济学家戴维·哈夫（D. L. Huff）提出的用于预测城市商圈的规模大小和医院等公用设施服务范围的模型。该模型基于万有引力原理，认为商圈的规模对消费者的引力与消费者前往商圈的阻力决定了消费者选择前往的概率。消费者选择前往商圈的可能性大小与该商圈对消费者的吸引力成正比，与消费者前往商圈所需的时间距离阻力成反比。这与固定避难场所研究中，人员根据避难场所的吸引力和路程阻力选择场所进行疏散存在相似之处。因此，应用哈夫模型得到片区各个疏散单元的人员选择不同固定避难场所的概率，计算方法如式（4-20）所示：

$$P_{ij}=\frac{M_j/D_{ij}^\beta}{\sum_{j=1}^{n}(M_j/D_{ij}^\beta)} \qquad (4\text{-}20)$$

式中　P_{ij}——第 i 个疏散单元上人选择第 j 个固定避难场所的概率；

　　　M_j——第 j 个固定避难场所的吸引度；

　　　D_{ij}——第 i 个疏散单元与第 j 个固定避难场所的距离；

β——距离摩擦系数，相较于就近疏散的紧急避难，固定避难中人员综合考虑了
场所避难条件及疏散路程，因此，可假定避难场所吸引力与距离权重相当，
β取值为1。

采用 ArcGIS 技术分析片区不同疏散单元与各个固定避难场所的距离，结合避难场所
吸引度，应用哈夫模型进行人员疏散选择概率的计算。

4.4 典型片区的固定避难仿真实验

4.4.1 工业类型片区

根据 4.2.3 节工业类型片区的评价分析结果，选取 17 号片区作为研究对象。工业片
区的特点是工作日的工作时间人员分布更加集中，实际避难人数远超规划时以常住人口为
基准估算的人数，整体疏散空间相对拥挤，人员疏散无序性问题更突出。值得注意的是，
工业类型片区的避难人员以成年人为主，具备较强的疏散能力。针对工业类型片区的特
点，应用 NetLogo 软件构建工作日工作时段 17 号片区人员固定避难仿真模型。

首先，在 NetLogo 平台中建立 17 号片区仿真模型，如图 4-7 所示。其中，外围黑色
轮廓线为片区边界线，内部黑色轮廓线为疏散单元边界线，各个疏散单元之间的空白瓦片
即为疏散道路。红色标识为疏散人员，初始化位于疏散单元中心处，其中部分疏散单元为
未开放用地或绿地，不分布疏散人员。绿色瓦片为片区固定避难场所，32 号固定避难场
所为罗庄小学，33 号固定避难场所为环保园，34 号固定避难场所为 KF02 小学，35 号固
定避难场所为植物园。

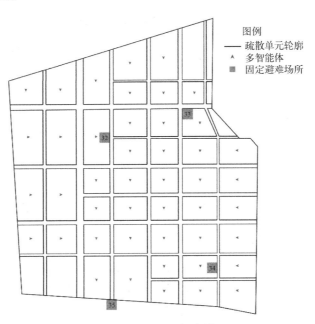

图 4-7 17 号片区仿真模型

17 号片区作为典型的工业片区，其功能用地可分为占大部分面积的工业用地和小部
分的住宅及商业用地，根据 4.3 节中的方法对片区疏散单元进行避难人口估算。进一步

结合相关规划资料、实地调研及专家评估可得到该片区固定避难场所的数据信息，如表 4-11 所示。

17 号片区固定避难场所信息

表 4-11

固定避难场所编号	场地风险	避难容量（人）	避难设施	消防资源（km）	医疗资源（km）
32	0.8492	2100	3	0.85	2.12
33	0.5463	6500	3	0.24	1.94
34	0.6871	5000	3	1.33	0.49
35	0.1545	32500	5	1.94	1.33

根据 4.2.3 节中评价指标权重的计算方法可得到相应的结果，如表 4-12 所示。

17 号片区避难场所吸引度评价指标权重

表 4-12

评价指标	层次分析法	熵权法	组合法
场地风险	0.4162	0.1459	0.3341
避难容量	0.2617	0.2139	0.3081
避难设施	0.0986	0.3468	0.1881
消防资源	0.1611	0.1273	0.1128
医疗资源	0.0624	0.1661	0.0570

进一步计算 17 号片区 4 个固定避难场所的吸引度，其结果如表 4-13 所示。

17 号片区固定避难场所吸引度

表 4-13

固定避难场所编号	吸引度
32	0.0641
33	0.3230
34	0.2039
35	0.6871

根据相关规范可知固定避难场所的责任范围为 2~3km，当以 3km 为场所的服务范围时，4 个固定避难场所服务范围均可覆盖整个片区，即片区上各个疏散单元的人员可自由选择场所进行疏散。根据 4.3.2 节，在 ArcGIS 中应用哈夫模型对各个疏散单元上人员的疏散策略进行计算，结果如图 4-8 所示，其中深色疏散单元表示该单元上人员选择固定避难场所概率达到 50%，即大部分人员选择该场所进行避难疏散，浅色疏散单元则表示选择场所的概率低于 50%，即为较少人员选择该场所进行疏散，·为固定避难场所，疏散单元的数值即为哈夫模型计算得到的选择概率。

应用 NetLogo 平台进行仿真实验，模拟过程如图 4-9 所示。最终得到该片区人员固定避难所耗时长约为 5400s，即为 90min，远超过规范标准要求的 1h 疏散时长，人员避难分布情况如图 4-10 所示。

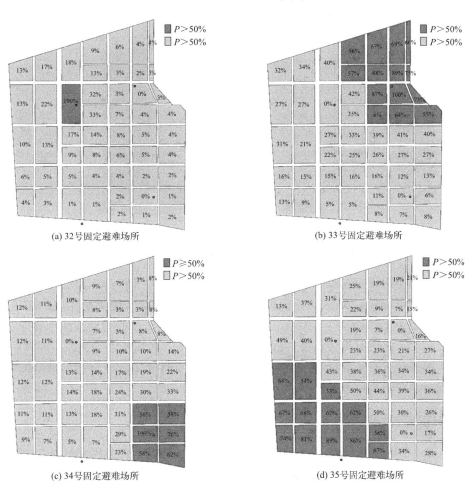

图 4-8 17 号片区各个疏散单元人员避难选择

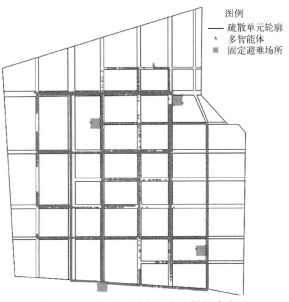

图 4-9 17 号片区固定避难疏散仿真实验

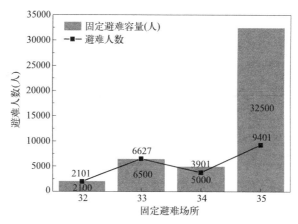

图 4-10　17 号片区各避难场所的容量及避难人数

　　显然，从图 4-10 中可知 33 号固定避难场所的最终避难人数约为 6627 人，超过其按照标准规划的避难容量 6500 人，该固定避难场所的避难资源未能满足相应的需求。进一步分析：17 号片区为典型的工业片区，工作时段的人群以疏散能力较强的中青年人为主，但由于人口较多，疏散过程较拥挤，整体疏散效率较低；各场所之间服务范围共同覆盖面积较大，进而导致人员疏散过程中无序性突出，影响了整体疏散效率和人员的避难分布，最终造成部分场所出现避难资源挤兑的现象。

4.4.2　居住类型片区

　　根据 4.2.3 节居住类型片区的评价分析结果，选取 5 号片区作为研究对象。居住片区以住宅用地为主，时间维度上人口波动性较大，休息日及休息时段如夜间，人口分布较为集中，而通常认为处于工作时间段，由于工作、上学等原因，大部分人员流动至其他片区，该类型片区人口相对较少，整体疏散难度较低。但往往忽略了该时间段片区主要的活动人口为老龄人和小孩等弱势群体，该群体具有疏散能力弱、心理承受能力低及对避难环境条件需求高的特点，在固定避难疏散过程中容易引起疏散无序性，导致整体避难效益较低的问题。

　　针对居住类型片区的特点，应用 NetLogo 软件，构建工作日工作时段 5 号片区仿真模型，如图 4-11 所示。其中，6 号固定避难场所为建安中学，7 号固定避难场所为 D6-3 清㵲河带状公园，8 号固定避难场所为四季采摘园，9 号固定避难场所为 ZZX05 小学。

　　5 号片区为典型的居住片区，其功能类型用地以住宅用地为主，结合相关规划资料、实地调研及专家评估可得到该片区固定避难场所的数据信息，如表 4-14 所示。同时，表 4-15 和表 4-16 分别给出了 5 号片区避难场所吸引度评价指标权重和固定避难场所吸引度。

5 号片区固定避难场所信息　　　　　　　　　　　　　　　　　　　表 4-14

固定避难场所编号	场地风险	避难容量(人)	避难设施	消防资源(km)	医疗资源(km)
6	0.697	6800	3	0.56	1.8
7	0.457	77800	5	0.5	1.5
8	0.803	59000	5	1.3	1.8
9	1	5300	3	0.8	0.6

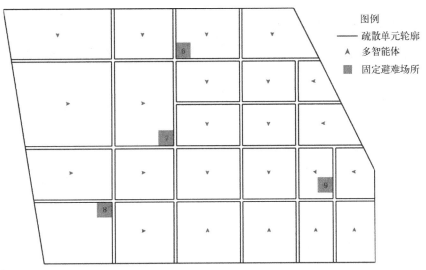

图 4-11　5 号片区仿真模型

5 号片区避难场所吸引度评价指标权重　　　　　　表 4-15

评价指标	层次分析法	熵权法	组合法
场地风险	0.1100	0.1481	0.0722
避难容量	0.1841	0.2167	0.1768
避难设施	0.3186	0.2278	0.3216
消防资源	0.0687	0.1317	0.0401
医疗资源	0.3186	0.2757	0.3893

5 号片区固定避难场所吸引度　　　　　　表 4-16

固定避难场所编号	吸引度
6	0.1762
7	0.5545
8	0.4233
9	0.4822

　　4 个固定避难场所服务范围均可覆盖整个片区。图 4-12 展示了各个疏散单元上人员的疏散选择概率。

　　图 4-13 展示了 5 号片区固定避难疏散仿真过程。由仿真结果可知，该片区人员固定避难所耗时长约为 5575s，即为 93min。图 4-14 给出了人员避难分布情况。

　　从图 4-14 中可知该片区的固定避难空间比较充足，各个固定避难场所均能够满足相应的避难需求。进一步分析，5 号片区为典型的居住片区，工作时段大部分中青年流动到其他片区，疏散人口较少，但由于弱势群体的疏散能力较差导致最终疏散耗时较长。

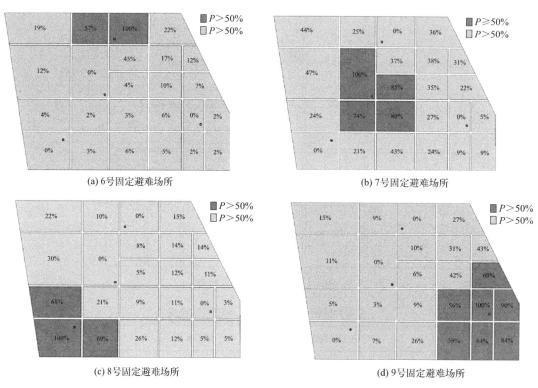

图 4-12　5 号片区各个疏散单元人员避难选择概率

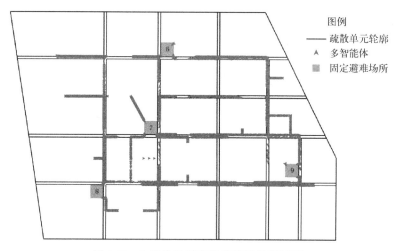

图 4-13　5 号片区固定避难疏散仿真过程

4.4.3　综合类型片区

　　根据 4.2.3 节综合类型片区的评价分析结果选取 23 号片区作为研究对象。综合片区的功能用地类型复杂多样，多为办公、商业及教育等用地，时间和空间两个维度上人口波动性较大。办公、教育等功能用地，人口集中分布于工作时段，而商业、旅游等功能用地，人口更多集中于休息时段。且不同功能用地上的主要人员在年龄层上存在较大差异，

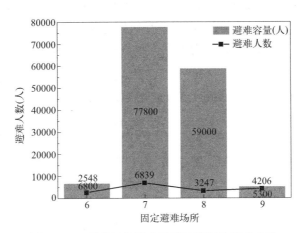

图 4-14　5 号片区各避难场所的容量及避难人数

如办公用地以成年人为主，教育用地以小孩、青年为主，公园绿地等以老年人为主，商业的人员构成则较为复杂多样。因此，针对综合类型片区的固定避难研究需要结合片区具体功能用地进行探索。选取的 23 号综合类型片区以商业、旅游用地为主，人员构成多样，且在节假日这一休息时间，人口急剧增多且分布集中，容易引起整体固定避难疏散无序性。针对综合类型片区的特点，应用 NetLogo 软件构建休息日休息时段 23 号片区人员固定避难仿真模型。

首先在 NetLogo 平台中建立 23 号片区仿真模型如图 4-15 所示。其中，47 号固定避难场所为许昌市一高，48 号固定避难场所为许昌市体育场，49 号固定避难场所为小西湖公园，50 号固定避难场所为春秋广场。

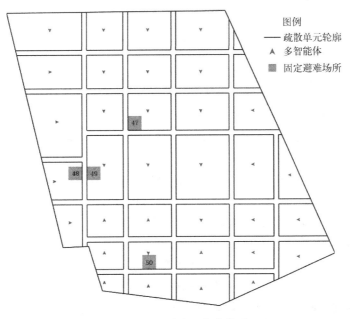

图 4-15　23 号片区仿真模型

23 号片区为典型的综合类型片区，其功能类型用地以商业、旅游用地为主，结合相关规划资料、实地调研及专家评估可得到该片区固定避难场所的数据信息，如表 4-17 所示。表 4-18 和表 4-19 分别给出了 23 号片区避难场所吸引度评价指标权重和固定避难场所吸引度。

23 号片区固定避难场所信息　　　　表 4-17

固定避难场所编号	场地风险	避难容量(人)	避难设施	消防资源(km)	医疗资源(km)
47	0.233	24600	5	0.7	0.3
48	0.184	7800	3	1.3	0.4
49	0.539	24500	5	1.1	0.35
50	0.758	10000	3	1.2	1.2

23 号片区避难场所吸引度评价指标权重　　　　表 4-18

评价指标	层次分析法	熵权法	组合法
场地风险	0.1841	0.1664	0.1450
避难容量	0.3186	0.2079	0.3134
避难设施	0.3186	0.2618	0.3947
消防资源	0.0687	0.2174	0.0706
医疗资源	0.1100	0.1465	0.0763

23 号片区固定避难场所吸引度　　　　表 4-19

固定避难场所编号	吸引度
47	0.8603
48	0.4239
49	0.6098
50	0.0841

片区内固定避难场所服务范围均可覆盖整个片区。图 4-16 展示了各个疏散单元上人员的疏散选择概率。

图 4-17 展示了 23 号片区固定避难疏散仿真过程。该片区人员固定避难所耗时长约为 5022s，即为 84min。人员避难分布情况如图 4-18 所示。

从图中可知 48 号固定避难场所的最终避难人数约为 9710 人，超过其按照标准规划的避难容量 7800 人，该固定避难场所的避难资源未能满足相应的避难需求。进一步分析：23 号片区为典型的综合片区，以商业、旅游等用地为主，假期休息时段，该片区人流量急剧上升，远超规划的疏散人口，其人口构成相对复杂，进而影响整体疏散效率。由于不同避难场所的避难容量存在较大差异，且片区人员疏散无序性突出，对疏散效率和避难分布均有影响，导致部分场所避难人数超过其最大容量。

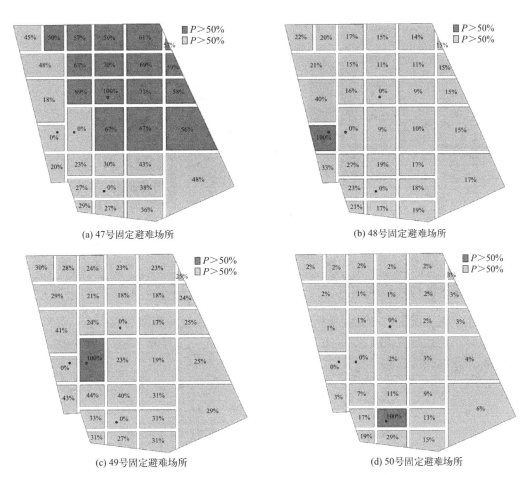

(a) 47号固定避难场所

(b) 48号固定避难场所

(c) 49号固定避难场所

(d) 50号固定避难场所

图 4-16　23 号片区各个疏散单元人员避难选择概率

图 4-17　23 号片区仿真过程

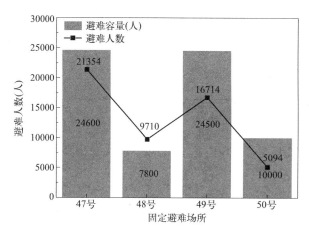

图 4-18　23 号片区各避难场所的容量及避难人数

4.4.4　典型片区优化方案

根据相关规范设定固定避难场所以 3km 为服务半径进行疏散仿真实验，显然，各片区总疏散时长均远超规范要求的 1h 时长。且从图可知，17 号和 23 号片区存在部分固定避难场所人数超载的现象。

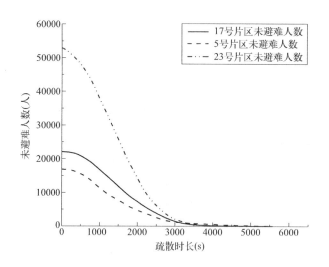

图 4-19　各个片区的整体疏散时长

通过对工业、居住和综合类型的典型片区进行模拟仿真实验，按照规划的 3 公里为固定避难场所服务半径进行片区疏散，得到 17、5 和 23 号片区的疏散时长分别约为 90min、93min 和 84min，如图 4-19 所示。片区整体疏散时长均远超要求的 1h，且存在避难资源挤兑即部分固定避难场所人数超载的问题。考虑到片区整体疏散所耗时长与疏散人员的最长路程和无序性疏散相关，故可先通过合理规划避难场所的责任区域范围即服务半径，以缩短避难人员的疏散路程，进而减少片区人员的无序性流动，使得疏散总耗时符合规定的 1h 以内。进一步针对避难场所优化服务半径后的避难资源挤兑问题，根据避难场所不同特征吸引度对人员疏散选择的影响，结合实际情形针对性的调整避难场所的吸引度以引导人员合理疏散。

（1）固定避难场所服务半径优化。根据固定避难需求，片区内固定避难场所的服务范围应覆盖整个片区。基于GIS对该片区进行多次服务半径设定试验，得到不同类型片区满足覆盖要求的最小服务半径。进一步假定疏散时以规划道路划分疏散单元进行疏散，经过测算，避难场所的服务半径每变化200m，其覆盖的疏散单元有明显变动，对三种典型片区固定避难场所不同服务半径下的疏散效率进行仿真对比。结果如图4-20～图4-23所示。

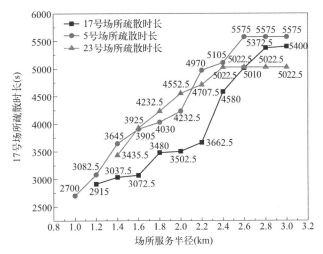

图4-20 不同服务半径下各片区疏散效率

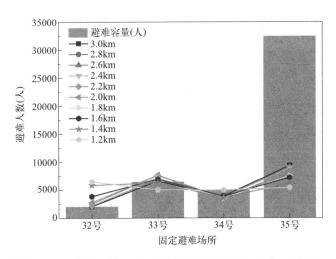

图4-21 17号片区各避难场所在不同服务半径下的避难人数

由图4-20可知，当17号、5号及23号片区各避难场所服务半径分别小于2.2km、1.4km及1.6km时，片区整体疏散时长小于1小时，能够满足规范的固定避难疏散时长要求。由图4-23可知，17号片区各避难场所的避难人数随服务半径的减小而变化，其中 32 号和 33 号避难场所容量在不同服务半径下均出现人数超载的现象；从图 4-24 了解到 5 号片区各避难场所容量较大，且该时段人数较少，均可满足相应的需求；图 4-25 显示，23 号片区的 48 号避难场所由于容量较小，在不同服务半径下均不能满足避难需求。

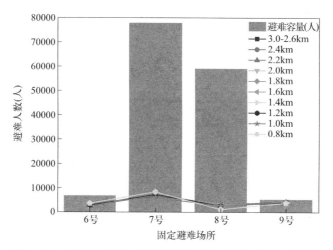

图 4-22　5 号片区各避难场所在不同服务半径下的避难人数

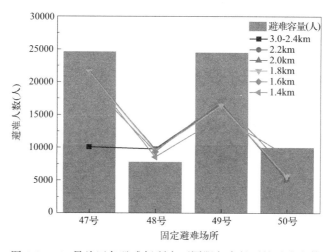

图 4-23　23 号片区各避难场所在不同服务半径下的避难人数

因此，综合考虑片区疏散人员特点，以 17 号片区为代表的工业类型片区的疏散空间较大且人员疏散能力较强，固定避难场所服务半径可采用 2.0km；以 5 号片区为代表的居住类型片区的人员为弱势群体，疏散能力较弱，为保障弱势群体的安全高效疏散，其固定避难场所的服务半径宜采用最小的 1.0km；以 23 号片区为代表的综合类型片区的人员构成复杂且疏散空间相对拥挤，则可采用 1.5km 为固定避难场所服务半径。

（2）场所避难吸引度优化。由于 17 号片区和 23 号片区部分场所存在避难资源挤兑的现象，针对已优化服务半径下的各场所避难人数，根据人员疏散受不同场所避难吸引度的影响，结合片区实际情形，通过改善避难设施、扩大避难容量等方法提高部分避难场所吸引度，使得人员合理疏散，缓解避难资源挤兑问题。

　　针对 17 号片区，由于 35 号固定避难场所为植物园，其避难容量较大，能够承载更多的避难人员，可通过提高其避难吸引度，吸引其责任覆盖范围内更多的人员选择前往疏散，进而减少 32 号和 33 号固定避难场所的避难人数。经计算得到当 35 号避难场所的相对吸引度从 0.6871 提高到 3.9824 时，超载的 32、33 号固定避难场所的避难人数分别约为 2100、6480 人，刚好达到场所的最大避难容量。结果如图 4-24 所示。

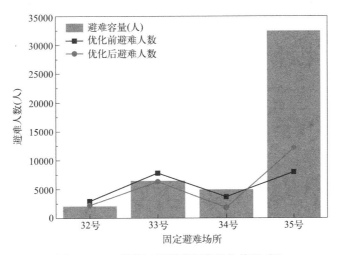

图 4-24　17 号片区场所吸引度优化前后对比

　　针对综合类型的 23 号片区，考虑到距离 48 号固定避难场所最近的是 49 号的小西湖公园，其避难容量较大。经计算得到当 49 号避难场所的相对吸引度从 0.6098 提高到 0.8364 时，超载的 48 号固定避难场所的避难人数约为 7800 人，刚好达到场所的最大避难容量。结果如图 4-25 所示。

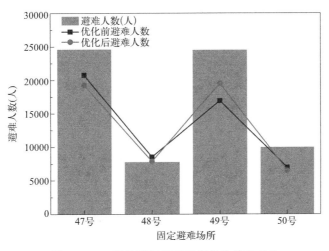

图 4-25　23 号片区场所吸引度优化前后对比

4.5 本章小结

首先，基于固定避难场所吸引度对人员疏散无序性的影响设定多智能体的疏散行为，开展三种典型片区固定避难疏散仿真实验；其次，经实验得到，17、5 和 23 号典型片区均存在疏散效率较低的现象，且其中 17 和 23 号片区的部分场所避难资源挤兑；最后，通过优化固定避难场所服务半径减缓人员疏散的无序性以提高片区疏散效率，得出工业、居住和综合类型片区的固定避难场所服务半径设定为 2.0、1.0 和 1.5km 时，其片区的整体疏散效率较好的结论。并进一步调整片区避难场所吸引度，吸引人员合理疏散，减缓人员疏散无序性导致的避难资源挤兑问题。

第5章 ▶▶

城市防灾避难空间网络特性及避难需求动态仿真

5.1 基于复杂网络理论构建固定避难空间网络

复杂网络科学是对复杂网络理论和方法的统称，其起源于数学和物理领域，属于图论范畴，强调用网络的观点描述系统的组成及相互作用关系，能够更好地揭示事物之间的联系。考虑不同固定避难场所之间存在避难资源差异导致人员需求避难转移建立场所间联系，应用复杂网络理论对多个二级防灾片区的固定避难空间网络进行分析，为灾后城市片区固定避难资源调配提供决策支持。

根据《城市抗震防灾规划标准》GB 50413—2007 可知，中心避难场所具备更好的避难条件，也可作为固定避难场所供受灾人员避难。基于人员的固定避难需求提出以下假定：

（1）进行避难转移时，人们为寻求更好的避难条件，仅向同级场所或更高级场所转移，不会选择转移至较目前所在场所低级的场所；

（2）根据相关规范，中心避难场所的服务半径设定为 3km，而固定避难场所可根据第 5 章研究结论针对不同类型片区设定不同服务半径；

（3）二级防灾片区内，人员可自由转移至其他固定避难场所；二级防灾片区间，当场所间距离小于等于 1km 时，人员可自主转移。

为开展城市片区的固定避难空间网络研究，选取许昌市主城南防灾一级片区作为研究对象。该一级防灾片区有 9 个二级防灾片区，拥有一个中心避难场所及 25 个固定避难场所，为便于开展避难空间网络分析，本章节对 25 个固定避难场所进行重新编号，如图 5-1 所示。

应用复杂网络理论，以该一级防灾片区 25 个避难场所为节点，并基于假定的避难场所间人员避难转移关系建立节点间的连接边，构建片区固定避难空间网络图 $G'=(V',E')$，其中 V' 为节点集，E' 为边集，边集用邻接矩阵 $A'=\{a_{ij}\}$ 中的 a_{ij} 来表示。当 i 避难场所的避难人员向 j 避难场所进行转移时，即存在一条 v_i 指向 v_j 的有向边，则边 a_{ij} 的值为 1；反之 a_{ij} 的值为 0。边的指向为节点之间的联系，即避难场所间人员避难转移的关系。根据以上规则构建出 25 个节点，81 条有向边的片区避难空间网络，该网络为有向网络，如图 5-2 所示。

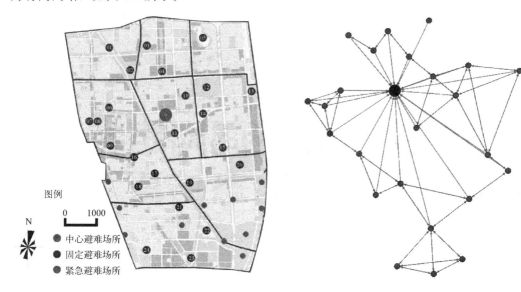

图 5-1　主城南一级防灾片区
图 5-2　城市防灾片区固定避难空间网络

5.2　城市片区固定避难空间网络特性分析

5.2.1　度与平均度

　　节点度 K_i 为与节点 i 连接的其他节点数目，该特性可以用于表示固定避难场所与其他场所人员避难转移关系的紧密程度。对于有向网络，节点度可分为出度和入度，出度是节点指向其他节点的数目，入度是节点被其他节点指向的数目，计算方法如式（5-1）和式（5-2）所示。

$$K_i^{\mathrm{out}} = \sum_{j=1}^{n} a_{ij} \tag{5-1}$$

$$K_i^{\mathrm{in}} = \sum_{j=1}^{n} a_{ji} \tag{5-2}$$

式中　K_i^{out}——节点出度；

　　　　K_i^{in}——节点入度。

　　节点的度值越大，该固定避难场所与其他避难场所关系越紧密，说明该场所在短期固定避难期间人员避难转移去向越多。当其他节点失效，即其他的避难场所在地震中破坏，避难人员向往该场所避难的意愿更强。而当该节点失效，即该场所破坏了，避难人员将前往与其联系紧密的其他几个场所寻求避难，造成一定程度上的避难拥挤。许昌市主城南一级防灾片区固定避难空间网络中各节点度如图 5-3 所示，各节点的出度和入度如图 5-4 所示。

　　由图 5-3 可知，在固定避难空间网络中，14 号和 21 号避难场所的节点度最大，即其与更多避难场所有紧密联系，需要重点保护，一旦破坏将对相连接的节点即避难场所有较大的影响。5 号固定避难场所的节点度值最小，说明该场所在人员避难转移时去向最少，一旦该场所遭受破坏，避难人员可选择的固定避难场所相对有限。由图 5-4 可知，大部分节点的出度比入度大 1，这是因为在中心避难场所责任范围的固定避难场所，仅向中心避难场所转移人员，而不存在接收中心避难场所的避难人员。网络节点的平均度为 7.32，即每个节点平均约有 7 条边，说明各避难场所与其他避难场所的转移关系较密切；平均入度和出度为 3.68 和 3.64，说明各避难场所的人员避难转移可选择的场所有 3～4 个。

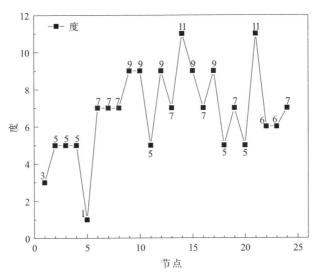

图 5-3　固定避难空间网络中各节点度

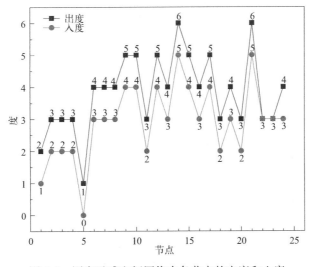

图 5-4　固定避难空间网络中各节点的出度和入度

5.2.2　度分布及拟合

节点的度分布 $p(k)$ 是指随机选定节点的度恰好为 k 的概率。度分布函数是复杂网络的重要统计特性，也是验证网络无标度特性的主要依据。经计算结果如图 5-5 所示。

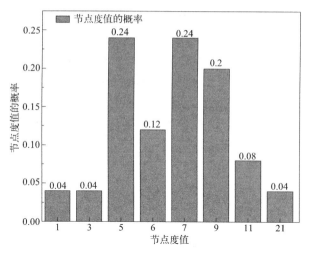

图 5-5　固定避难空间网络节点度概率分布

由图 5-5 可知，节点度主要集中在 5、7、9，说明大部分避难场所与其他邻近场所联系较为紧密，人员避难转移过程中有更多的场所可选择。为进一步了解节点度分布情况，应用 matlab 中的 cftool 工具对节点度分布进行拟合，发现节点度近似服从傅里叶分布，如图 5-6 所示。故该避难空间网络不具无标度特性，其分布函数如式（5-3）所示。式中，x 为自变量，$\{a_i|i=0,1,2\}$，$\{b_i|j=1,2\}$ 和 w 均为拟合参数变量，随拟合参数的变化，曲线向着各个分布点逼近，最终使得误差平方和（sum of squared errors，SSE）最小，确定系数［coefficient of determination（R-square）］最大。

$$f(x)=a_0+a_1\cos(xw)+b_1\sin(xw)+a_2\cos(2xw)+b_2\sin(2xw) \tag{5-3}$$

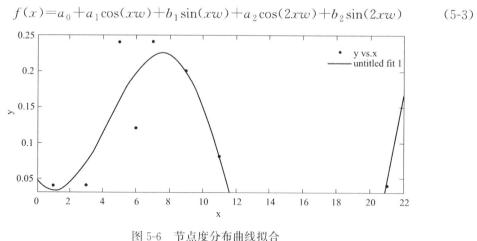

图 5-6　节点度分布曲线拟合

95％的置信区间下，分布函数参数为：$a_0=0.1291(-58,58.26)$，$a_1=0.1585(-2.742,3.059)$，$b_1=-0.1587(-127.4,127.1)$，$a_2=-0.239(-52.97,52.5)$，$b_2=-0.0002303(-46.97,46.96)$，$w=0.1809(-11.65,12.01)$，$SSE=0.01402$，$R\text{-}square=0.7487$。

5.2.3　网络直径、平均路径长度及聚类系数

在复杂网络中，两节点 v_i 和 v_j 之间边数最少的路径称为最短路径，用 d_{ij} 表示。而网络中节点间最短路径的最大值即为网络的直径，用 D 表示，可说明避难人员转移的最

大成本。通过计算得到该片区固定避难空间网络的直径为12，即任意固定避难场所中人员最多经过12次避难转移可到达其他任何一个避难场所。

网络平均路径长度为网络中所有节点间距离的平均值，用 L 表示，计算方法如式(5-4)所示：

$$L=\frac{2}{N(N-1)}\sum_{i\geqslant j}d_{ij}$$ (5-4)

式中 N——网络节点数。

网络平均路径长度可用于评价片区避难场所间的人员转移效率。经计算得到平均路径长度为4.4811，说明人员从任一避难场所出发向其他避难场所转移平均需要经过4~5个避难场所，转移效率较低。

在复杂网络中，节点与相邻节点的紧密程度用节点聚类系数 C_i'' 衡量，其定义为与节点 v_i 直接相连的所有邻居节点之间的实际边数与这些邻居节点之间最大可能边数之间的比值。若 C_i'' 为0，表示节点 v_i 的相邻节点之间没有连通；若 C_i'' 为1，则表示节点 v_i 的相邻节点之间完全连通。计算方法如式(5-5)所示：

$$C_i''=\frac{2E_i'}{K_i(K_i-1)}$$ (5-5)

式中 E_i——节点 v_i 的 K_i 个相邻节点之间实际边数。

片区固定避难场所的聚类系数反映了场所间人员避难转移关系的紧密程度。片区中某一避难场所的聚类系数较大，说明其与相邻场所联系较紧密。当该部分场所中某一场所遭受破坏时，人员可选择避难转移的场所较多，片区固定避难空间网络连通性影响较小。

网络聚类系数 C'' 为所有节点聚类系数的平均值，反映网络的紧密性，可作为网络抗毁性能的一个参考指标。当片区固定避难空间网络聚类系数较大，则说明片区场所整体联系较为紧密；当该值较小，说明片区相邻场所间的联系较少，片区固定避难空间网络整体抗毁性能较差，一旦场所遭受破坏，对片区整体影响较大。经计算得到该网络的聚类系数为0.535，说明该网络的抗毁性能并不好，各节点的聚类系数值如图5-7所示。

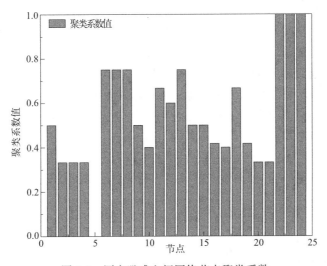

图5-7 固定避难空间网络节点聚类系数

由图 5-7 可知，其中 5 号避难场所的聚类系数值为 0，说明其与相邻场所并没有联系，一旦该场所遭受破坏，避难人员将面临避难困难的问题。因此，可考虑在该二级片区增加固定避难场所，抵抗地震灾害破坏对片区人员避难的不利影响。而 22、23 和 24 号避难场所的聚类系数均为 1，说明其联系十分紧密，人员避难转移相对容易。

5.2.4 节点中心性

节点中心性主要包括：度中心性、介数中心性及特征向量中心性。其中度中心性（Degree Centrality）是在网络分析中刻画节点中心性的最直接度量指标。一个节点的节点度越大就意味着该节点的度中心性越高，该节点在网络中就越重要。其计算方法如式（5-6）所示：

$$DG_i = \frac{K_i}{N-1} \tag{5-6}$$

式中　DG_i——度中心性；

　　　K_i——节点度；

　　　N——网络中节点数。

场所的度中心性越大，说明该避难场所越重要。由图 5-3 可知，在片区固定避难空间网络中，14 号和 21 号避难场所的节点度最大，则其相应的节点度中心性也最大。因此，应重点加强这两个固定避难场所的抗震能力。

介数中心性（Betweenness Centrality）是指网络中通过某节点的最短路径条数，反映了节点连通性的重要程度。节点的介数中心性越大，说明其起到的连通作用越大。计算方法如式（5-7）所示：

$$BC_i = \sum_{j \neq i \neq l} \frac{N_{jl}^i}{N_{jl}} \tag{5-7}$$

式中　BC_i——介数中心性；

　　　N_{jl}——节点 v_j 到节点 v_l 的最短路径条数；

　　　N_{jl}^i——节点 v_j 到节点 v_l 的最短路径经过节点 v_i 的条数。

在片区固定避难空间网络中，场所的介数中心性越大，说明其连通性越强，在人员避难转移过程中发挥重要作用。计算结果如图 5-8 所示，其中 19 号场所的介数中心性最大，说明其在该网络中起到重要的连通作用，在建设过程中需要重点加强保护，一旦遭受破坏，对片区人员避难转移及资源的调配等多方面影响较大。

度中心性认为与多个节点相邻的节点是重要的，且认为所有邻居的贡献度是一样的。然而，这些相邻节点本身的重要性是不同的，因此它们对中心节点的影响不同。为进一步考虑节点的重要性，可用特征向量中心性（Eigenvector centrality）来衡量，其定义为：以节点 v_i 的相邻节点的中心性来定义其重要。计算方法如式（5-8）所示：

$$EC_i = \frac{1}{\lambda} \sum_{j=l}^{N} A_{i,j} \cdot EC_j \tag{5-8}$$

式中　λ——特征向量；

　　　$A_{i,j}$——邻接矩阵。

在片区固定避难空间网络中场所的特征向量中心性越大，说明其与重要节点连接，节

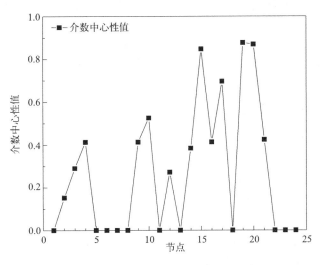

图 5-8 固定避难空间网络介数中心性

点本身具有较为重要的性质，在人员避难转移过程中发挥重要作用。计算结果如图 5-9 所示。

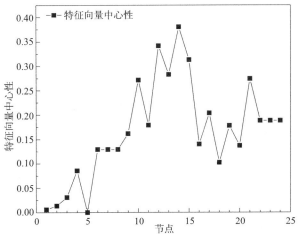

图 5-9 固定避难空间网络特征向量中心性

由图 5-9 可知，固定避难场所中 15 号场所的特征向量中心性最大，说明其在该网络中起到重要的作用，需要加强其抗震抗灾能力，一旦遭受破坏，对片区人员避难转移及资源的调配等多方面影响较大。

5.2.5 网络模块度

社区结构是指一个复杂网络由多个特征相异的网络组成，如常见的社交网络、城市社区网络等，该类型网络可被分解或划分为多个集合，集合内部连接密集，集合之间连接稀疏，使得社区网络具有高内聚、低耦合的特点。在城市片区避难中，固定避难空间网络同样具有社区结构特点。为衡量社区划分质量的优劣，Newman 和 Girvan 于 2004 年提出模块度的概念。对于有向网络，计算方法如式(5-9)所示，可应用于城市片区固定避难空间网络中。

$$Q_d = \frac{1}{m'''} \sum_{i,j} \left[A_{ij} - \frac{d_i^{\text{out}} d_j^{\text{in}}}{m'''} \right] \delta(C_i''', C_j''') \tag{5-9}$$

式中　m'''——网络的边数；

　　　A_{ij}——邻接矩阵中 A 的元素；

　　　d_i^{out}——避难场所 i 的出度；

　　　d_j^{in}——避难场所 j 的入度；

　　　C_i'''——避难场所 i 所属的社区；

　　　C_j'''——避难场所 j 所属的社区。

当 C_i''' 和 C_j''' 在同一社区时，$\delta(C_i''', C_j''')$ 的值为 1，反之为 0。

当社区网络的模块度在 [0.3，0.7] 之间，可认为该网络社区划分质量较好，即各社区内部连续较紧密，而社区间的场所联系较稀疏。经计算，得到该片区固定避难空间网络模块度为 0.387，说明该网络划分较好，人员在社区网络内部避难转移频繁，有利于片区避难物资的集中供给。如图 5-10 所示，同一颜色的固定避难场所标识为同一社区，则该网络可划分为 4 个社区，人员在社区间避难转移较为频繁，可针对各个社区分配不同的避难资源。

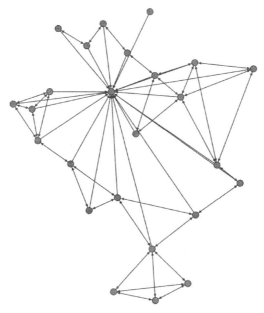

图 5-10　基于模块度划分的固定避难空间网络

5.2.6　网络抗毁性

抗毁性是衡量网络稳定性的一个重要指标，通过模拟节点破坏观察网络稳定性，进一步可找到网络关键节点并加强重点防护。

网络的攻击类型可分为随机攻击和蓄意攻击，其中随机攻击为任意选取一个网络节点进行破坏，该攻击方式与地震灾害的不确定性相符；而蓄意攻击是针对节点的特性进行破坏，常见的如按节点度、介数中心性及特征向量中心性等，该攻击方式与人为故意攻击相符。

由于片区固定避难空间网络中场所间以人员避难转移为联系，可用最大连通分量衡量网络的抗毁性。最大连通分量由级联失效结束后网络中最大子图的节点数与初始网络中最大子图节点数的比值来表示。计算方法如式（5-10）所示：

$$\varphi = \frac{N'}{N} \tag{5-10}$$

式中　N'——级联失效结束后网络中最大子图的节点数；

　　　N——初始网络中最大子图的节点数；

　　　φ——表示网络结构的破坏程度，该值越大，说明网络的抗毁性能越好。

本节模拟可能的三种网络攻击：随机攻击、度值降序蓄意攻击和介数降序蓄意攻击。其中随机攻击取 10 次仿真结果的平均值。结果如图 5-11 所示。

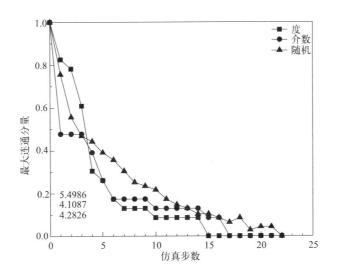

图 5-11　固定避难空间网络抗毁性分析

由图 5-11 可知，在第 3 仿真步之前，介数降序蓄意攻击对片区固定避难空间网络的破坏最为严重，度值降序蓄意攻击则对网络的破坏最小。其原因是节点的介数是其连通特性的重要指标，当最大介数值节点遭到攻击后，对网络整体的连通性影响较大，抗毁性能下降严重。因此，介数值最大的节点即 19 号固定避难场所对网络整体抗毁性能影响较大，需重点加强其抗震性能。

在第 3 步仿真后，度值降序蓄意攻击对网络整体的破坏最严重，而随机攻击对网络的破坏最小。这主要是按照节点度降序攻击时，随着度值大的节点被破坏，网络整体的连通性下降明显，抗毁性能下降更为严重。其中，当 17 号场所被攻击后，网络最大连通比例下降最严重，故该场所需要重点保护。

从图 5-11 可知，当连续攻击仿真步数分别达到 22、15 和 17 时，随机攻击、度值和介数蓄意攻击下的网络完全破坏。因此，该网络的抗毁性能在随机攻击模式下最好，其次是介数蓄意攻击，影响最大的是度值蓄意攻击。面对具有较强不确定性、随机性的地震灾害，通过对城市片区固定避难空间网络的分析，需加强对重点固定避难场所的保护，保障灾后救援工作的顺利开展。

5.3 基于网络特性分析的多情景固定避难需求动态变化仿真

震后片区人员疏散至固定避难场所进行集中避难，根据人员的避难时长可分为短期和中长期的固定避难，其中短期固定避难一般为 7d，而中长期固定避难的时长为 7～30d。由于人员疏散的无序性容易造成片区避难资源挤兑，在短期固定避难期间，存在部分避难人员对所处场所避难条件不满意，而寻求转移至其他避难场所的现象。同时随着时间的推移，对于住所未破坏或受损较轻的避难人员将逐渐撤离避难场所；而对于房屋破坏严重或无法修复的避难人员将进入下一阶段的长期避难，即转移至中心避难场所。

随着灾后避难场所中避难人数的变化，避难资源的需求也呈现动态变化。为了保障片区人员避难需求的及时供应，以便于灾后救灾工作的顺利开展，应用复杂网络理论于城市一级防灾片区固定避难场所，利用 NetLogo 平台构建城市片区固定避难复杂网络模型，模拟固定避难阶段场所的人数变化状况来预测避难需求的动态变化。结合 5.1 节中模型假定，仿真还进行以下假定：

（1）短期固定避难阶段，总避难人数不变，部分人员在场所间进行避难转移；

（2）二级防灾片区内，人员可自由转移至其他固定避难场所；

（3）为寻求更合适的场所避难，人员在可选场所中根据场所避难拥挤度进行选择；

（4）中长期固定避难阶段，片区避难总人数随时间逐渐减少。

5.3.1 固定避难需求动态变化模型构建及参数设定

为实现城市片区固定避难需求动态变化的模拟，在 NetLogo 软件中构建固定避难空间网络模型。首先利用 CAD 确定不同固定避难场所的地理位置，再应用 GIS 技术处理后导入 NetLogo 中，针对各个避难场所设定相应的海龟，并对基于以上假定的避难场所间人员转移关系设定有向链接。

避难场所的总人数可参考规划的避难人数，为 235500 人。由于受灾人员受固定避难场所空间特征影响选择疏散，可根据 4.3 节的方法估算得到不同片区各个固定避难场所的避难人数，结果如表 5-1 所示。

各场所的避难人数 表 5-1

避难场所编号	避难人数（人）	所属片区编号
0	20760	24
1	15806	20
2	4394	
3	13780	21
4	5620	
5	18400	22

避难场所编号	避难人数（人）	所属片区编号
6	15807	23
7	4508	
8	7078	
9	5307	
10	6867	24
11	3834	
12	5451	25
13	7310	
14	10505	
15	3967	
16	10173	27
17	17158	
18	15975	
19	2683	28
20	7617	
21	1788	29
22	8256	
23	8489	
24	13967	

由于固定避难分为短期和中长期，其中短期避难期间部分人员在场所间进行避难转移。参考相关文献经调查约有10%人在避难生活中不满意所处场所的避难资源，故模型设定避难场所中10%的避难初始人数在短期避难期间进行避难转移，且假定在该期间每天的转移人数相等。而对于人数超载的避难场所，仅将其所超载的人数进行避难转移，且其他场所人员不再转移到该场所。

随着片区震后的恢复，短期避难结束后人员开始逐渐撤离避难场所，而存在部分人员由于住所被破坏等原因需进行下一阶段的中心避难。根据李慧永对城市震后避难人数的动态研究可知，最终进行长期避难人数约占总避难人数的1/3。考虑到撤离的避难人数是由片区的灾后恢复能力决定，恢复能力越强，越多避难人员撤离避难场所，反之亦然。随时间推移，破坏严重的区域恢复效率越低，人员撤离避难场所的效率越来越低。故将固定避难场所中长期避难人数随时间变化假定为单调递减的指数函数，进而分析片区避难需求的动态变化。

由于不同片区的灾后恢复能力存在差异，导致最终需进行中长期避难的人数也不尽相同。以许昌市主城区为例，根据城市片区用地性质、建设时序和建筑物震害预测等信息，综合分析确定得到片区的避震疏散率作为灾后恢复指数，用于表征片区的灾后恢复能力。假定该城区达到平均灾后恢复能力，即最终需长期避难人数为总人数的1/3。则可按照不同片区灾后恢复指数之间的比值计算不同片区最终需进行长期避难人数占比情况。进一步根据片区最终避难人数，可拟合中长期固定避难人数的指数函数，计算方法如式（5-11）和式（5-12）所示，结果如表 5-2 所示。

$$t_i = \frac{1/3}{\varepsilon_a} \times \varepsilon_i \tag{5-11}$$

$$\gamma_i = e^{\frac{\ln t_i}{23}} \tag{5-12}$$

式中　t_i——第 i 个片区最终避难人数与总人数的比值；

　　　ε_a——片区的平均灾后恢复指数；

　　　ε_i——第 i 个片区的灾后恢复指数；

　　　γ_i——避难系数，即第 i 个片区中长期避难阶段日避难人数与前一天之比。

各片区人员避难系数　　　　　　　　　　　　　　　　表 5-2

片区编号	灾后恢复指数 ε_i	避难系数 γ_i
20	0.35	0.9522
21	0.4	0.9577
22	0.35	0.9522
23	0.5	0.9671
24	0.5	0.9671
25	0.4	0.9577
26	0.5	0.9671
27	0.35	0.9522
28	0.4	0.9577
主城区	0.36	0.9533

5.3.2　多情景固定避难需求动态变化仿真实验

1. 片区场所完好情景下固定避难需求动态变化

为探索灾后固定避难期间片区避难需求的动态变化，基于 NetLogo 构建了片区固定避难空间网络模型进行分析，如图 5-12 所示，其中深色节点为中心避难场所，浅色节点为固定避难场所，场所间用链接表示避难转移关系。

当片区所有避难场所未受地震灾害破坏，能够为受灾人员提供相应的避难条件时，根据设定的运行规则开展仿真实验，可得到片区避难人数的动态变化，如图 5-13 所示。

由图 5-13 可知，主城南防灾一级片区短期固定避难期间总人数不变，但由于部分人员进行避难转移，各场所的避难人数有所变动；中长期固定避难期间，片区避难人数逐日递减，最终的避难人数约为 94935 人，占初始避难总人数的 40.31%。

由于 0 号避难场所为具有较好的避难条件的中心避难场所，吸引更多的人员前往避难，在短期固定避难期间，其他固定避难场所部分人员将转移至该场所，避难人数呈现逐日递增后递减的趋势，人数峰值约为 25989 人。具有同样人数变化趋势的有 2、8、12、14、19、20 和 21 号固定避难场所，因此针对该类场所在短期固定避难期间，人员逐渐增多，相应的避难需求也变大的情况，需要提供更多的避难物资。向其余避难场所在短期固定避难期间，向外避难转移的人数大于转移进来的人数，避难人数呈现逐日递减的趋势。其中最突出的是 15 号避难场所，由于该场所避难人数超载严重，仅向外避难转移，因此短期固定避难期间人数减少幅度较大，相应的避难需求也减小。针对该类场所，避难资源的供给可随时间减少。

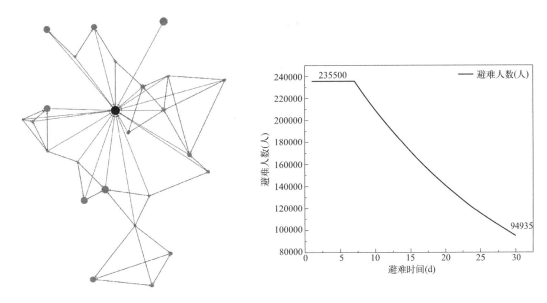

图 5-12　固定避难需求动态仿真模型　　　　　图 5-13　避难人数动态变化

2. 基于网络特性分析的多情景固定避难需求动态变化仿真

城市片区固定避难场所的规划建设均满足当地的抗震规范要求，但由于地震灾害具有突发性、随机性、破坏力强、波及范围广等特点，固定避难场所仍存在较大的破坏风险。当固定避难场所遭受破坏，对片区整体的避难存在不同程度的影响。因此，基于 5.2 节片区固定避难空间网络的角度探索不同避难场所破坏的影响情况，为城市应急管理决策提供支持。

（1）度中心性最大值避难场所破坏

根据 5.2 节的网络节点特性分析可知，度中心性的大小反映了节点间联系的紧密程度。在该片区固定避难空间网络中，固定避难场所的节点度中心性最大值为 21 号避难场所。当场所一旦遭受破坏，对片区人员固定避难分布有较大的影响，相应的避难供需分配也需进一步优化。因此，本模型针对该场所破坏的情况下模拟片区相邻避难场所的避难需求状况，如图 5-14 所示。

当某一固定避难场所遭受破坏，受影响较大的是与之直接链接的相邻场所。因此，当 21 号固定避难场所破坏后，直接影响 0、17、19、22、23 和 24 号固定避难场所的避难需求。对比 21 号场所破坏前后其余场所的避难人数变化情况，结果如图 5-15 所示。

显然，由图 5-15 可知，0、17 和 19 号场所的避难人数变化很小，这是由于其仅与 21 号场所存在避难转移关系，而避难转移人数较少时影响较小。由于处于相同片区，22 和 24 号固定避难场所的避难人数明显增多，其固定避难需求增多，期间应配备更多的避难资源。而 23 号避难场所的初始避难人数相较增多，但随时间推移，其避难人数与未破坏

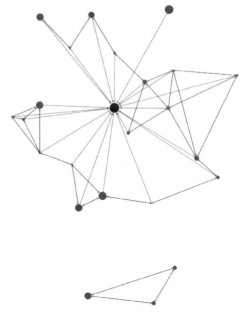

图 5-14　度值最大场所破坏的避难空间网络

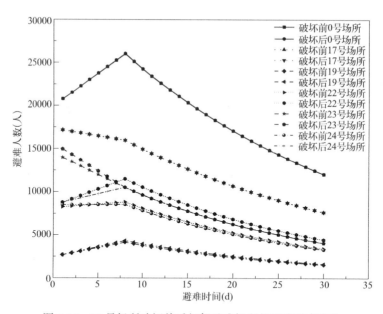

图 5-15　21号场所破坏前后相邻避难场所的避难需求变化

前基本相同，故可在避难初期提供更多避难资源满足相应的需求。

（2）介数中心性最大值避难场所破坏

根据5.2节的网络节点特性分析可知，介数中心性的大小反映的是节点连通性的重要程度。在该片区固定避难空间网络中，固定避难场所的介数中心性最大值为19号避难场所。因此，本模型针对该场所破坏的情况下模拟片区相邻避难场所人员的分布情况，如图5-16所示。

当19号固定避难场所破坏后，对0、17、20和21号固定避难场所的避难人数影响较

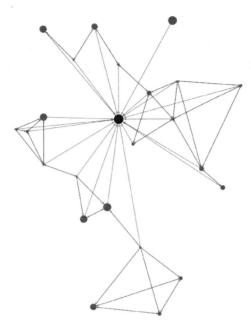

图 5-16　介数中心性最大场所破坏的避难空间网络

大。对比破坏前后避难人数的变化如图 5-17 所示。

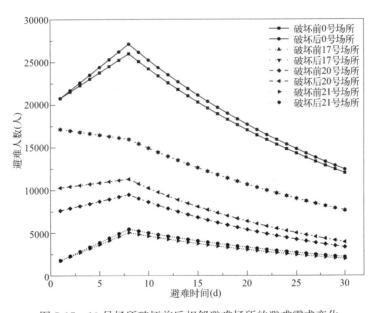

图 5-17　19 号场所破坏前后相邻避难场所的避难需求变化

显然，由图可知，除了 17 号场所外，受 19 号场所破坏的影响，与之存在避难转移的避难场所均出现避难人数增多的现象。说明 17 号场所与 19 号场所之间的避难转移人数较少，而处于同一片区的 20 号场所影响最大。因此，一旦 19 号场所在地震灾害破坏下不能提供人员避难，则 0 和 20 号场所中受灾人员的避难需求将大大增加，在固定避难期间需要配备更多的避难资源，而 21 号场所的避难需求涨幅较小，可适当调整资源的分配。

（3）特征向量中心性最大值避难场所破坏

根据 5.2 节的网络节点特性分析可知，特征向量中心性用相邻节点的重要程度来反映目标节点的重要程度。在该片区固定避难空间网络中，固定避难场所的特征向量中心性最大值为 14 号避难场所。因此，本模型针对该场所破坏的情况下模拟片区各避难场所人员的分布情况，如图 5-18 所示。

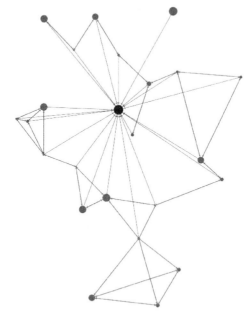

图 5-18　特征向量中心性最大场所破坏的避难空间网络

当 14 号固定避难场所破坏后，对 0、10、11、12、13 和 15 号避难场所的避难人数有直接的影响。对比破坏前后避难人数的变化如图 5-19 所示。

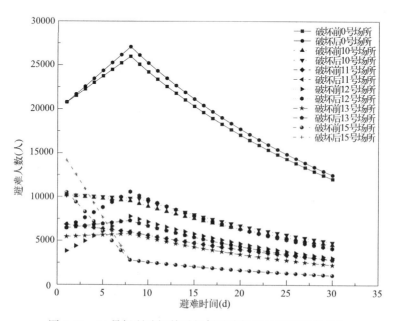

图 5-19　14 号场所破坏前后相邻避难场所的避难需求变化

显然，由图 5-19 可知，0、10、12 和 13 号场所的避难人数增多，固定避难需求上升，在固定避难期间需供应更多的资源。15 号固定避难场所的初始避难人数明显上升，但随时间的推移，其最终的避难人数与 14 号避难场所未破坏时没有明显变化。因此，短期固定避难阶段应配备更多资源供给，但中长期固定避难期间无须增多避难资源的供给。而 11 号场所由于与 14 号场所间避难转移人数较少，未受到影响，无须调配资源的供给。

5.4　本章小结

基于复杂网络理论构建城市片区的固定避难空间网络并分析其特征，应用 NetLogo 开展固定避难需求动态仿真实验。首先，应用复杂网络理论从不同网络特性角度分析关键固定避难场所，提出针对性加强场所的抗震防灾能力的建议，为灾后人员避难提供保障。其次，考虑不同片区灾后恢复能力差异，提出片区固定避难系数，并应用 NetLogo 基于网络特性分析探索灾后场所固定避难需求的动态变化，为城市片区避难资源的规划配置工作提供建议。

第6章
复合灾害情景下城市中心城区避难疏散仿真

6.1 问题描述及模型假定

6.1.1 复合灾害下疏散风险

在实际发生的复合灾害情景中，地震暴雨复合灾害较为常见，且极大程度影响避难疏散的效率。城市疏散体系是反映城市防灾减灾能力的重要表征，是城市防灾减灾体系的第二道防线。近年来，我国经历的重大地震几乎都伴随有暴雨的情况发生，居民边避险边避雨的情况屡见不鲜。

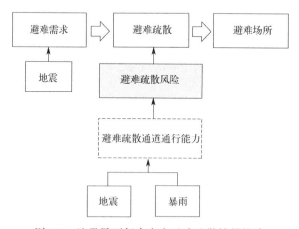

图 6-1 地震暴雨复合灾害避难疏散情景构建

地震-暴雨复合灾害情景下，地震作为主要灾害，暴雨带来的城市积涝作为地震后增加避难疏散难度的一种伴随状态，是产生避难需求的主要因素，震害和暴雨积涝共同对灾后疏散通道的通行能力造成影响（图 6-1）。考虑避难场所的容量问题和覆盖距离对服务质量的影响，以固定避难场所和避难疏散通道为研究对象，开展控制性详细规划尺度下的避难疏散空间规划和仿真模拟研究。

6.1.2 模型假定

避难疏散仿真模拟中，应用的主要是 Anylogic 中的行人流仿真模块，通过行人库和流程建模库交互操作实现人员智能体疏散的仿真模拟，即借助智能体进行"感知→决策→行动"的过程：

（1）感知，基于 Anylogic 软件的行人库创建智能体，设定智能体参数，使其能够感知与周围智能体的交互及障碍；

（2）决策：智能体根据感知到的信息作出疏散决策，如选择疏散路径、改变疏散速度和方向等；

（3）行动，智能体的具体行为充分考虑了人与人、人与周围环境间的相互作用，模拟较为符合真实情况。

应用 Anylogic 仿真软件构建片区固定避难人员疏散模型，模拟片区人员固定避难疏散模型框架，如图 6-2 所示。

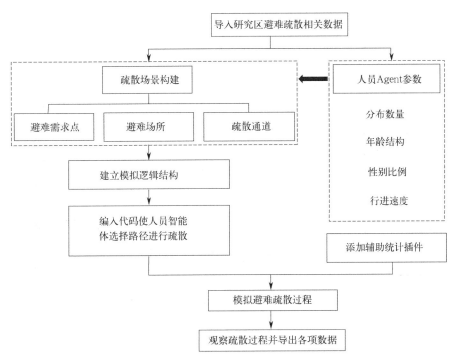

图 6-2 基于 Anylogic 的避难疏散模型框架

模型基于以下假定：

（1）人员疏散中途不折返、不更换目标固定避难场所；

（2）人员熟悉所在片区道路，均以规划疏散道路进行疏散；

（3）出于安全考虑，人员仅选择步行疏散；

（4）避难人员按照规划在片区内部进行避难疏散。

6.2 复合灾害情景下城市中心城区避难空间特征分析

6.2.1 复合灾害情景下避难场所选址模型

1. 问题描述

灾害事件持续时间越长，造成的损失也越严重，两者呈正相关，避难场所距离需求点越近，救援疏散越及时，突发灾害造成的损失越小。利用不确定失效情景下应急设施覆盖选址模型，引入最小临界距离 D_L 和最大临界距离 $D_U(D_L < D_U)$ 的概念。如果需求点到避难场所的距离小于最小临界距离，就认为是完全覆盖，避难场所为需求点提供高质量的服务；如果需求点到避难场所的距离大于最小临界距离并且小于最大临界距离，就认为是基本覆盖，避难场所为需求点提供一般质量的服务；如果需求点到避难场所的距离大于最大临界距离，就认为是不覆盖。

设需求点 i 关于避难场所 j 的覆盖水平函数为 F_{ij}，计算公式如下：

$$F_{ij} = \begin{cases} 1, D_{ij} \leqslant D_L \\ \dfrac{D_U - D_{ij}}{D_U - D_L}, D_L < D_{ij} < D_U \\ 0, D_{ij} \geqslant D_U \end{cases} \tag{6-1}$$

式中 D_{ij}——需求点 i 与避难场所 j 之间的距离。

不同层次覆盖水平如图 6-3 所示。

需求点对于应急服务的衡量有两方面的要求：一是服务质量，可用 F_{ij} 来表示其水平；二是服务数量要满足要求。假定每个需求点在满足服务数量的前提下对应急服务的质量水平有最低水平要求，而突发事件还可能造成避难场所的服务能力受损，再结合突发事件的不确定性，用情景集来表示所有对避难场所及需求点造成影响的可能情景，以此考虑避难场所选址决策问题。

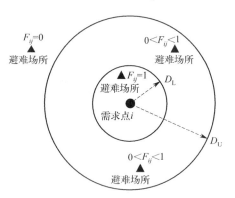

图 6-3 不同层次覆盖水平

2. 避难需求计算

暴雨带来的城市积涝作为地震后增加避难疏散难度的一种伴随状态。考虑真实情况下的避难情景，地震作为主要灾害，是产生避难需求的主要因素，震害和暴雨积涝共同对灾后疏散通道的通行能力造成影响。用地的避难需求是避难疏散风险大小的重要影响因素之一。

在避难需求的计算上，尹之潜通过调查，将我国城镇房屋建筑易损性结构分为 A、B、C、D 四类，并给出了以地震烈度为输入参数的适合全国的各类建筑的震害矩阵。陈志芬等通过对尹之潜的计算公式变形，得到研究区域上简化的避难人口比例预测公式如式 (6-2) 所示：

$$P(I) = \Sigma_{i=1}^{4} Q_x \cdot E_T^1 \tag{6-2}$$

式中 $P(I)$——避难人口比例；

Q_x——各类易损性结构建筑的建筑面积占研究单元总面积的比例；

E_T^I——各类易损性结构建筑在 i 度地震灾害影响下的避难人数比例，对于某研究区 E_T^I 为常数，参考文献中不同震害情境下各类建筑震害避难率常数确定。

3. 地震灾害下道路通行能力计算

（1）建筑震害快速预测模型

针对地震暴雨复合灾害进行研究，其中，震后道路通行能力预测需要知道建筑物倒塌影响。采用高杰等提出的建筑物抗震性能评价性能因子法，对 7 个性能因子进行相应取值，建筑物破坏程度的性能指数 D 是各个性能因子影响系数的乘积，建筑物破坏程度的划分及建筑物破坏程度的性能指数 D 的对应关系见表 6-1。震后建筑破坏程度的性能指数计算公式：

$$D = w d_0 \prod_{i=1}^{N} \prod_{i=1}^{T} d_{ij}^{m_{ij}} \tag{6-3}$$

式中　D——建筑物破坏程度的性能指数；

w——为地震峰值加速度折算系数，$w = \dfrac{1}{0.05g} 0.4A$；

A——建筑物实际遭受的地震动峰值加速度的大小；

N——参与计算的性能因子的个数；

T——对应第 i 个性能因子的取值分类的类别数；

d_0——统计系数；

d_{ij}——符合第 j 项分类的第 i 个性能因子，根据以往文献确认；

m_{ij}——幂指数，当第 i 个性能因子的实际情况符合第 j 中分类时取 1，其余取 0。

建筑物破坏程度的划分及对应的建筑物破坏程度的性能指数　　　表 6-1

破坏程度	具体描述	破坏度指数 D 初值
基本完好	砖混结构墙体没有裂缝；框架结构梁柱没有裂缝，墙体装饰层表面出现微裂	1.0
轻微破坏	砖混结构墙体出现裂缝，薄弱部分明显开裂；框架结构梁柱没有裂缝，墙体有裂缝	2.0
中等破坏	砖混结构薄弱墙体出现多道明显裂缝，并发生倾斜；框架结构梁柱有明显开裂，混凝土保护层多处剥落，薄弱墙体出现躲到裂缝	3.0
严重破坏	砖混结构薄弱层轻体接近松散状态；框架柱墙混凝土被压碎，钢筋外露，薄弱层部分柱濒临倒塌	5.0
倒塌	结构整体或局部发生倒塌	8.0

（2）震害道路通行能力破坏模型

首先，根据建筑震害快速预测中筛选出的破坏状态为严重破坏和倒塌的建筑，研究该类型建筑损失的土方量对道路通行能力造成的影响。采用杜鹏等提出的瓦砾堆总土方量 Ω 的计算公式，各种房屋倒塌后瓦砾堆分布范围取 2/3，计算时近似假设其为均匀分布。瓦砾堆总土方量 Ω 的计算公式：

$$\Omega = \frac{2}{3}\sum_{i=1}^{3}A_i\Psi_i \tag{6-4}$$

式中　Ω——瓦砾堆总土方量；

　　　A_i——严重破坏和倒塌的沿街建筑的立面面积之和；

　　　Ψ_i——严重破坏建筑面积百分比的 1/2 与倒塌建筑面积百分比之和。

然后，基于瓦砾堆总土方量、建筑物到路边的距离和道路宽度，计算得到瓦砾阻塞量密度，瓦砾阻塞量密度 Q 的计算公式：

$$Q = \frac{\Omega}{l \times (2 \times b_a + b_0)} \tag{6-5}$$

式中　Q——瓦砾阻塞量密度；

　　　l——路段长度；

　　　b_a——建筑物到路边的距离；

　　　b_0——道路宽度。

最后，将计算得到的瓦力阻塞密度与临界瓦砾阻塞密度进行比较，进一步确定震害影响下路段的通行概率，震害影响下路段的通行概率 P_w 的计算公式：

$$P_w = \begin{cases} 0, Q > Q_c \\ 1 - \dfrac{Q}{Q_c}, Q \leqslant Q_c \end{cases} \tag{6-6}$$

式中　P_w——震后道路通行概率；

　　　Q——瓦砾阻塞量密度；

　　　Q_c——临界阻塞量密度，根据历史震害资料取值为 0.25。

4. 暴雨内涝下道路通行能力计算

由于规划部门获取的暴雨积涝相关资料主要为内涝风险区划图，内涝风险区划图主要呈现不同积涝水深的范围及分布区域。但是，目前通过积涝情况来直接获得对应道路通行概率的相关研究较少，为实现暴雨积涝道路通行能力的快速评估，更好地服务防灾空间规划，通过总结既有文献中积涝水深中人、车的实际通行情况，将之与段满珍等提出的道路通行自损折减系数的对应性态（表 6-2）进行比较，对积涝水深对应度道路通行概率进行率定，得到暴雨积涝道路通行能力快速评估对照表，如表 6-3 所示。通过暴雨积涝道路通行能力快速评估对照表可以快速地将暴雨造成的积涝水深与通行概率对应，实现暴雨积涝道路通行能力的快速评估。

道路完好程度与通行能力折减系数 　　表 6-2

完好程度	道路状态描述	完好程度系数 P_{road}	道路通行能力自损折减系数 P_r
完好或基本完好	路基、路面无损坏，或出现少量裂缝，对承载能力无影响	1.0～0.95	$P_r = P_{road}$
轻微损坏	路面轻微变形，稍做补强即可恢复正常	0.95～0.75	
中等破坏	路基路面出现严重裂缝，影响车辆的行驶速度	0.75～0.45	

续表

完好程度	道路状态描述	完好程度系数 P_{road}	道路通行能力自损折减系数 P_r
严重破坏	路基、路面严重断裂,冒砂、涌包、沉陷、路堤坍塌变形,交通中断	0.45~0.25	$P_r=0$
完全毁坏	路基、路面大范围涌包、沉陷、喷水冒砂、断裂,丧失交通功能	<0.25	

暴雨积涝道路通行能力快速评估对照表　　　　表 6-3

内涝风险	积涝水深	道路状态描述	完好程度系数 P_{road}	道路通行概率 P_r
道路基本完好	0cm	路基、路面无明显积水,车辆、行人可正常通行	1.0~0.95	$P_r=P_{road}$
道路轻度内涝	0~15cm	道路轻微积水,可在短时间内迅速排出;车辆、行人仍可以正常通行	0.95~0.75	
道路中度内涝	15~25cm	水深超过 15cm 时,驾驶员无法判断车道的位置,对车辆行驶安全和行驶速度造成影响;水还未开始淹没人行道,对行人无影响	0.75~0.45	
道路重度内涝	25~50cm	汽车发动机熄火;水将没过鞋帮,影响行人安全出入;交通中断	0.45~0.25	$P_r=0$
道路完全淹没	>50cm	道路完全丧失交通功能	<0.25	

5. 地震-暴雨复合灾害情景下道路通行能力计算

王述红等采用物理学领域的容量耦合概念和耦合系数的模型,提出多灾耦合致灾的风险评价方对于单一灾种的危险性指数。根据灾害耦合情况,认为多个灾害共同发生时造成的危险性,应当是其中危险性最大的灾害的危险性的放大,放大的程度由整个灾害系统的耦合度决定,任意两个灾害系统 i 和灾害系统 j 的耦合度公式:

$$C_{ij}=\left[\frac{U_iU_j}{U_i+U_j}\right]^{\frac{1}{2}} \tag{6-7}$$

式中　C_{ij}——灾害系统 i 和灾害系统 j 的耦合度,$C\in[0,1)$;

　　　U_i——灾害系统 i 的危险性;

　　　U_j——灾害系统 j 的危险性。

根据任意两个灾害系统 i 和灾害系统 j 的耦合度公式,可以进一步得到多个灾害系统间的耦合度公式:

$$C=\sqrt[m]{\frac{U_1U_2\cdots U_m}{\prod_{j=1}^{m}\left[\prod_{\substack{i=1\\i\neq j}}^{m}(U_i+U_j)\right]}} \tag{6-8}$$

式中　C——多个灾害系统的耦合度;

　　　m——耦合的灾害系统个数,$i,j\in m$,$m>0$。

在单一灾种的危险性和不同灾害之间耦合度的基础上,提出多灾耦合致灾的风险评价方对于单一灾种的危险性指数,用危险性指数来量化表征灾害耦合下的危险性,并引入

ΔH 来表征耦合灾害对危险性指数的影响，多灾耦合致灾的危险性指数可 ΔH_i 表示为：

$$H_{1,2,\cdots,n} = \max H_i + \Delta H \tag{6-9}$$

式中　ΔH——耦合灾害影响系数，当 n 种灾害耦合（$H_1 > \cdots > H_n$）时，

$$\Delta H = (H_i + \cdots + H_n)C, \max H_i = H_1。$$

为计算地震暴雨复合影响下的道路通行能力，对上述公式进行调整。复合灾害的危险性大于其中某单一灾种危险性，地震-暴雨内涝复合灾害情景下，道路系统通行能力比单灾种情景下道路系统通行能力差，道路通行概率将比任意单一灾害的影响下的道路通行概率小，因此地震和暴雨灾害复合下，需要对式(6-6)进行取反修正，计算地震-暴雨内涝复合灾害情景下道路系统通行概率 P_w 的计算公式如下：

$$P_{w_i} \begin{cases} 0, f_m = 0 \text{ 或 } f_n = 0 \\ 1 - \max(f_m, f_n) \cdot (1 + \Delta f_{mn}), f_m \neq 0 \text{ 且 } f_n \neq 0 \\ 1, f_m = 1 \text{ 且 } f_n = 1 \end{cases} \tag{6-10}$$

式中　P_{w_i}——第 i 条道路的通行概率；

　　　f_m——震害下道路的通行概率；

　　　f_n——暴雨积涝下道路的通行概率。

6. 复合灾害情景下避难场所选址模型目标函数构建

建立混合整数规划模型，其中 x_j 用于确定避难场所点的位置，为 0-1 变量，确定各避难场所在各种情景下对需求点的服务比例系数，使服务质量与数量综合指标的期望值达到最大。目标函数如下：

$$\max \sum_{s \in S} \lambda_s \left(\sum_{i \in I} \sum_{j \in E_i} F_{ij} C_j x_{sij} \right) \tag{6-11}$$

$$\text{s.t.} \sum_{j \in J} x_j = p \tag{6-12}$$

$$\sum_{j \in J} C_j p_{sj} x_{sij} \geqslant M_i e_{si}, s \in S, i \in I \tag{6-13}$$

$$\sum_{j \in J} x_{sij} \leqslant 1, s \in S, j \in J \tag{6-14}$$

$$x_{sij} \leqslant x_j, s \in S, i \in I, j \in J \tag{6-15}$$

$$x_{sij} \geqslant 0, x_j \in \{0,1\}, j \in J \tag{6-16}$$

其中，$E_i = \{j \mid F_{ij} \geqslant \alpha_i, j \in J\}$，$i \in I$；$I$ 为研究区社区点集合，$i \in I$；J 为研究区避难场所点集合，$j \in J$；S 为所有复合灾害情景集合，$s \in S$；p 为总避难场所数；M_i 为各个社区的人口数，α_i 为社区 i 对于避难场所应急服务质量的最低要求，C_j 为避难场所 j 所的服务能力；D_{ij} 为社区 i 几何中心点到避难场所 j 几何中心点的距离；λ_s 为第 s 种复合灾害情景发生的概率；p_{sj} 为在第 s 种复合灾害情景下避难场所 j 受损后服务能力下降系数；e_{si} 为在第 s 种复合灾害情景下社区 i 受灾人口比例；x_j 为 0-1 决策变量，当避难场所 j 被选中时 $x_j = 1$，否则为 0；x_{sij} 为在第 s 种复合灾害情景下，避难场所 j 分配给社区 i 的服务能力比例系数，$0 \leqslant x_{sij} \leqslant 1$。目标函数(6-11)是每个社区在各种复合灾害情景下避难场所服务质量与数量指标的总期望值。

前面所建立的模型是一个混合整数规划模型，其中 x_j 为 0-1 变量，用于确定避难场所选址点位置，一旦选址点位置确定后，则通过确定各避难场所在各种情景下对于需求点的服务比例系数 x_{sij} 以最大化服务质量与数量综合指标的期望值，也就是说如果选址点

确定之后问题就转变成一个运输问题，由于运输问题具有很好的求解算法，因此我们设计一个结合运输问题线性规划算法的模拟退火算法以求解本模型。下面首先给出一个定理以缩小可行域范围。

定理设 $\widetilde{D}$ 为满足 $\sum_{j\in J}x_j=p$ 且 $x_j=1$ 的所以 j 组成的集合，所存在 $\widehat{s}\in S$，$\widehat{i}\in I$ 使得：

$$\sum_{j\in\widetilde{D}}C_j p_{\widehat{s}j}<M_i e_{\widehat{s}\widehat{i}} \tag{6-17}$$

或

$$\{j\in\widetilde{D}\mid F_{\widehat{i}j}\geqslant\alpha_{\widehat{i}}\}=\phi \tag{6-18}$$

则 $\widetilde{D}$ 不属于前述模型的可行域。

证明：由约束条件式(6-13) 和式(6-14) 可知对于任意的 $s\in S$，$i\in I$，有 $\sum_{j\in J}C_j p_{sj}\geqslant\sum_{j\in J}C_j p_{sj}x_{sij}\geqslant M_i e_{si}$，显然这与式(6-17) 是矛盾的，因此满足式(6-17) 的 p 个候选点集不属于模型的可行域；同样，根据 E_i 的定义可知式(6-18)中的集合表示应急需求点 $\widehat{i}$ 在最低应急服务质量要求下的可选避难场所点集，若该集合为空集，则表示对于需求点 $\widehat{i}$ 而言，不存在满足要求的避难场所点，故该种情况也表明 $\widetilde{D}$ 不属于模型可行域。

6.2.2 研究区空间数据库构建及数据处理

1. 空间数据库构建

研究区位于我国河北省石家庄市中心城区，选取该市中心城区某一防灾疏散责任区为研究对象（图 6-4），该研究区共包含三个街道，根据第六次全国人口普查数据，该研究区共有常住人口 168326 人，总面积 1202.12 万 m^2。收集研究区的基础资料，构建如表 6-4 所示的研究区复合灾害避难疏散风险评估空间信息数据库。

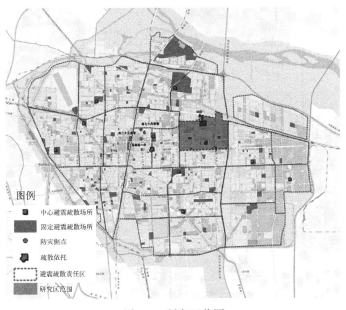

图 6-4　研究区范围

复合灾害避难疏散风险评估空间信息数据库　　　　　　表 6-4

数据名称	空间信息	空间信息类型	属性信息
规划建设避难场所信息	避难场所点、避难场所范围	点数据、面数据	位置、面积
城市行政区划信息	行政区用地边界	面数据	位置、面积
城市控制性详细规划	用地分布	CAD 数据	用地类型
城市历史震害信息	建设用地抗震场地类型	文本信息、面数据	场地类型及范围
城市暴雨积涝信息	多水准下城市暴雨积涝分布图	面数据	积涝分布、代表水深、流速
人口信息	街道中心点	点数据	总人口、避难需求人口等
城市交通信息	道路、桥梁	线数据	路段的长度、宽度、等级、平均时速、平均通行时间等
建筑物信息	建筑物轮廓	面数据	建筑物的占地面积、层数、高度、建设年代、结构等

该研究区用地功能主要为居住用地，其中还包括广场绿地、公园绿地和商业用地等配套设施用地。研究区共有 8 个规划避难场所和 57 个控制性详细规划地块。将控制性详细规划地块的几何中心作为避难需求点，对规划避难场所位置与避难需求点位置进行编号，如图 6-5 所示。依据控制性详细规划文本数据和图则，可统计所需指标的原始值，包括每个地块的人口数、用地类型、容积率以及平均建设年代，如表 6-5 所示。

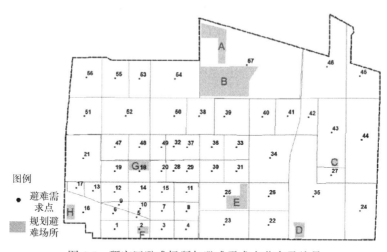

图 6-5　研究区避难场所与避难需求点分布及编号

研究区相关主要指标原始值　　　　　　表 6-5

编号	人口数	容积率	平均建设年代	编号	人口数	容积率	平均建设年代	编号	人口数	容积率	平均建设年代
1	4110	3.0	1970	20	3627	6.0	1990	39	2593	2.5	1990
2	2530	2.2	1970	21	5577	3.6	2000	40	1604	3.2	1970
3	2083	2.5	1970	22	1219	3.0	1970	41	1352	3.2	2010
4	5057	5.5	1990	23	2933	1.0	2010	42	885	1.5	1990

续表

编号	人口数	容积率	平均建设年代	编号	人口数	容积率	平均建设年代	编号	人口数	容积率	平均建设年代
5	970	0.8	1940	24	967	3.0	2010	43	8244	3.2	2010
6	2753	2.2	1970	25	2604	0.5	1950	44	8896	5.0	1990
7	3257	2.5	1970	26	2985	3.0	1970	45	1630	1.5	1990
8	3540	3.0	1970	27	1048	2.5	1970	46	4556	1.5	1990
9	1013	0.8	1940	28	33	0.5	1950	47	3031	2.8	1990
10	2737	3.2	1990	29	1156	1.5	1980	48	1234	3.2	1980
11	3937	2.2	1970	30	419	3.2	2010	49	3159	5.5	2010
12	3257	1.5	2000	31	615	1.5	2000	50	5944	5.5	2010
13	1960	2.2	1970	32	207	1.2	2010	51	1541	1.2	2000
14	4160	2.0	1980	33	656	1.5	2000	52	6569	5.0	1980
15	653	1.5	2010	34	1333	0.8	2010	53	1022	2.5	1990
16	7067	3.2	1980	35	6659	2.5	1980	54	3809	3.2	1980
17	1053	1.2	1950	36	796	1.5	1990	55	2084	1.5	1990
18	3047	3.0	1970	37	2441	5.0	1950	56	2816	1.5	1990
19	3507	3.0	1970	38	196	1.2	2010	57	15103	2.5	2010

2. 数据处理

（1）原始数据清洗筛选

将直接获取的原始数据处理为模型可用的数据。包括对书籍、文本中的表格数据进行电子化、空间矢量化，对各类型空间数据进行地理坐标转化为投影坐标。

（2）空间数据的属性赋值

对投影后的空间数据进行初始属性的赋值。数据处理时基于 ArcGIS 系统、Excel 工具，将数据分为两类，一类为非空间数据的空间矢量化，主要处理对象为表格数据、栅格数据；另一类为数据清理与基础属性添加，处理对象为道路网数据、建筑数据、规划避难场所点数据、人口数据等。

（3）数据预处理成果

① 道路数据：获取研究区街道，运用 ArcGIS 网络模型工具构建道路网络数据集，赋予道路宽度、平均时速等属性数据，计算每段道路长度（m）和总长度（m）以及正常通行时间（min）。

② 规划避难场所和避难需求点数据：规划避难场所 8 个，避难需求点 57 个，通过 ArcGIS 属性表赋予范围、名称、人口等数值属性数据。

③ 建筑物数据：研究区内现状建筑数据，通过 GIS 输入包括建筑形状、层数、高度、结构类型等属性数据，如图 6-6 所示。

④ 道路数据：使用 GIS 平台构建城市道路基础数据库，并将多水准下城市积涝水深淹没范围通过空间匹配于 GIS 道路网络中，如图 6-7 所示。

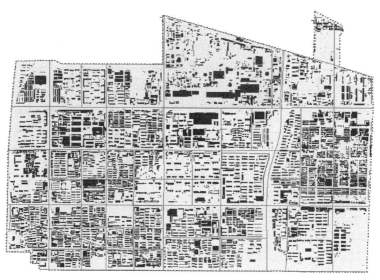

图 6-6　研究区域建筑分布情况

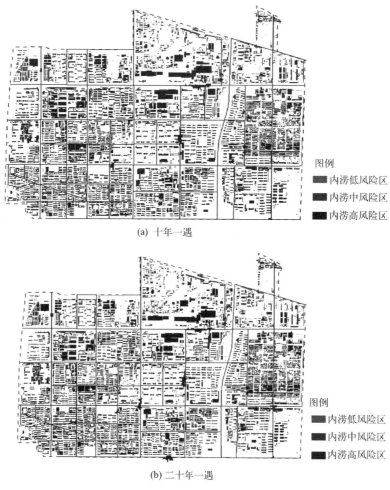

(a) 十年一遇

图例
内涝低风险区
内涝中风险区
内涝高风险区

(b) 二十年一遇

图例
内涝低风险区
内涝中风险区
内涝高风险区

图 6-7　道路网络及内涝风险分布图（一）

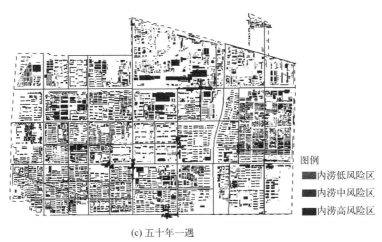

(c) 五十年一遇

图 6-7 道路网络及内涝风险分布图（二）

6.2.3 复合灾害情景下中心城区避难场所选址分析

1. 避难需求分析

对研究区的各个控规地块的避难需求进行计算，对研究区各类易损性结构建筑的建筑面积进行统计，对研究区小震、中震、大震影响下避难疏散人口比例进行计算，基于研究区的常住人口数量，进一步计算研究区各个地块的避难疏散人口，如图 6-8 所示。

2. 地震灾害下道路通行能力分析

（1）建筑震害快速预测与分析

统计严重破坏和倒塌建筑的立面面积，筛选其中的沿街建筑，对其进行瓦砾堆总土方量计算，进一步计算得到研究区域震害影响下道路的通行概率。计算结果如图 6-9 所示。

研究区共有建筑 9182 栋，通过建筑震害快速预测模型，对研究区建筑的建筑物抗震性能评价因子进行取值并进行计算，得到小震、中震、大震影响下的研究区建筑物破坏状态分布。在小震影响下，研究区基本完好的建筑面积占 83.42%，轻微破坏的建筑面积占

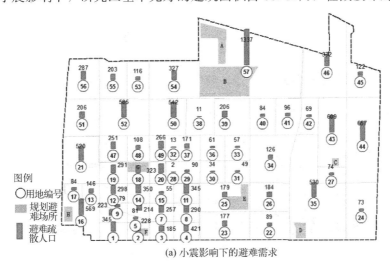

(a) 小震影响下的避难需求

图 6-8 研究区多水准影响下避难需求分布（一）

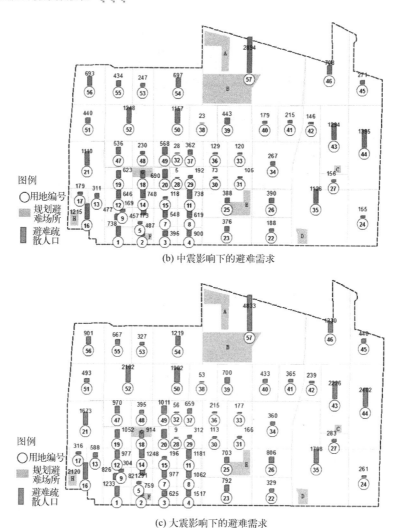

(b) 中震影响下的避难需求

(c) 大震影响下的避难需求

图 6-8　研究区多水准影响下避难需求分布（二）

(a) 小震影响下建筑物破坏状态分布

图 6-9　研究区多水准影响下建筑物破坏状态分布（一）

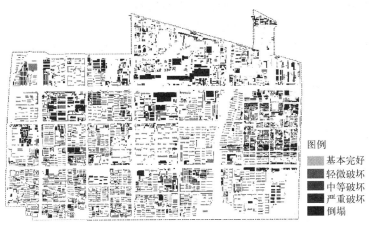

(b) 中震影响下建筑物破坏状态分布

(c) 大震影响下建筑物破坏状态分布

图 6-9　研究区多水准影响下建筑物破坏状态分布（二）

15.37％，严重破坏的建筑面积占 0.33％，无倒塌建筑。在中震的影响下，基本完好的建筑面积占 80.42％，严重破坏和倒塌的建筑面积分别占 0.88％ 和 0.33％。在大震的影响下，严重破坏和倒塌的建筑面积分别占 28.38％ 和 3.61％。其中，震害影响下破坏程度高的建筑集中分布于研究区北部。

（2）震害道路通行能力分析

研究区共有道路 168 条。基于瓦砾堆总土方量，进一步计算得到研究区震害影响下路段的通行概率。

3. 暴雨内涝下道路通信能力分析

参照暴雨积涝道路通行能力快速评估对照表，对研究区在十年一遇、二十年一遇、五十年一遇暴雨影响下的道路通行概率进行取值，对暴雨影响下的通行概率取值结果进行可视化。

4. 地震-暴雨复合灾害情景下道路通行能力分析

研究区地震暴雨复合灾害下道路通行能力分析是以震害下道路通行能力分析结果以及暴雨积涝道路通行能力快速评估结果为基础，对两者的通行概率计算结果进行耦合，采用复合灾害下城市道路通行能力计算模型，对研究区每条道路在地震-暴雨复合灾害影响下的通行概率进行计算，得到小震、中震、大震与十年一遇、二十年一遇、五十年一遇暴雨组合下的通行概率分布。在大震-五十年一遇暴雨复合灾害情景下，研究区共有 9 条道路完全中断。

5. 复合灾害情景下避难场所选址结果分析

（1）传统避难场所选址模型选址结果

1）集合覆盖模型选址结果

研究区分为 57 个避难需求点，在 8 个候选避难场所选址（A，B，…，H）中选择若干个避难场所，将避难区域的几何中心作为避难需求点，根据规范设定固定避难场所最大覆盖距离 2.5km 为覆盖距离，根据 9 种地震-暴雨复合灾害情景下的道路通行概率，筛选可以正常通行的道路，分别计算复合灾害情景下 8 个候选设施到 57 个需求点的步行距离 d_{ij}，以大震五十年一遇暴雨复合情景为例进行结果分析，如表 6-6 所示。

规划避难场所到需求点的步行距离（m）　　　　表 6-6

需求点 i		1	2	3	4	5	…	55	56	57
候选设施 j	A	3786.83	3430.52	3106.89	2758.70	3447.69	…	2517.17	2527.23	1498.97
	B	3329.46	2973.16	2649.52	2301.34	2990.32	…	2059.81	2069.86	292.92
	C	4746.43	4388.12	4057.88	3708.07	4406.04	…	4588.02	4598.08	2246.74
	D	3120.10	2766.05	2439.83	2090.02	2820.92	…	5131.79	5141.84	3079.53
	E	2232.96	1876.66	1546.42	1196.61	1931.52	…	3816.34	3826.40	2723.99
	F	653.05	296.74	316.16	663.97	351.61	…	2662.47	2672.53	3249.99
	G	1206.78	1166.29	1187.09	1529.93	1019.95	…	1702.49	1712.55	2418.92
	H	1466.45	1716.86	1955.63	2305.43	1570.52	…	2256.28	2266.34	4069.26

使用集合覆盖模型计算，确定在全部覆盖所有需求点的条件下，所需最少的避难场所数量：

$$\min z = \min \sum_{j=1}^{8} x_j \tag{6-19}$$

$$\text{s.t.} \sum_{j \in N_i} x_j \geqslant 1 \forall i \in I \tag{6-20}$$

$$x_j \in (0,1) \forall j \in J \tag{6-21}$$

其中，目标函数式（6-19）是设置的服务设施数最小，约束式（6-20）保证每个需求点至少被一个服务设施点覆盖，约束式（6-21）限制决策变量 x_j 为（0，1）整数变量。i 为需求点，j 为避难场所点。

运用 Matlab 进行运算，最优解为 $z=3$，$x_3=x_4=x_7=1$，即要覆盖 57 个避难需求点，必须在候选避难场所 C、D 和 G 三个候选点设置避难场所，可以满足全部覆盖，覆盖结果及对应选择情况如图 6-10 所示。

通过图 6-10 可以看出，运用集合覆盖模型识别覆盖所有需求点的服务设施的有效率配置模式，并满足服务设施的最大服务距离，三个选中的避难场所中避难场所 G 承担了最为重要的避难疏散服务，也存在较大的避难压力。

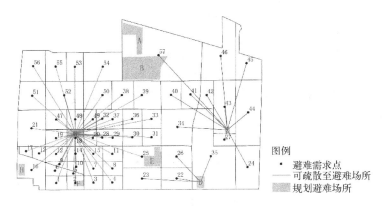

图 6-10 避难需求点与其对应的规划避难场所的空间位置关系

运用集合覆盖模型对其余复合灾害情景进行计算,其中与上述不同结果的避难需求点与其对应的规划避难场所的空间位置关系如图 6-11 所示。

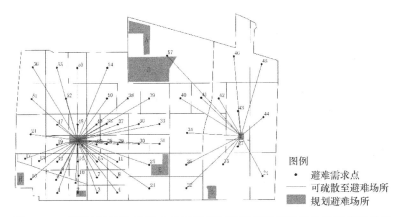

图 6-11 不同结果的避难需求点与其对应的规划避难场所的空间位置关系

2)最大覆盖模型选址结果

当目标函数中的权数 w 都取 1(表示各个需求点同等重要)时,最大覆盖模型是保证覆盖的需求点最多,本研究中权数 w_i 表示需求点 i 的需求即避难人口数,最大覆盖模型在覆盖需求点最多的基础上,并保证满足避难人口数量总和最大。通过连续变动 p(例如:从 1 到 k),也可以使用最大覆盖模型求得覆盖所有需求点必需的最少服务设施数 k。

同样以大震五十年一遇暴雨复合情景为例,在步行距离及各需求点避难人口数据的基础上,运用最大覆盖模型进行运算,使 p 连续从 1 增到 8:

$$\max z = \sum_{i=1}^{57} w_i y_i \tag{6-22}$$

$$\text{s. t.} \sum_{j \in N_i} x_j - y_i \geqslant 0 \, \forall \, i \in I \tag{6-23}$$

$$\sum_{j \in J} x_j = p \tag{6-24}$$

$$x_j, y_i \in [0, 1] \, \forall \, i \in I, j \in J \tag{6-25}$$

其中,约束式(6-23)保证选定的设施覆盖需求点 i,约束式(6-24)指定被选择的设施

数为 p，约束式(6-25)限制决策变量 x_j 和 y_i 为（0，1）整数变量，目标函数式(6-22)使被覆盖的需求点的价值总和最大。

当 $p=1$ 时，解为：$x_7=1$，可覆盖45个避难需求点，$z=38976$，即在候选避难场所中选择避难场所G可覆盖45个需求点，覆盖人口数为38976人。

当 $p=2$ 时，解为：$x_3=x_7=1$，可覆盖55个避难需求点，$z=47588$，即在建设避难场所G的基础上，建设避难场所C的情况下，共可覆盖55个需求点，覆盖人数为47588人。

当 $p=3$ 时，可全部覆盖需求点，且可覆盖所有避难人口，解为：$x_3=x_5=x_7=1$，$z=49715$，$y_i=1$，（$i=1，2，\cdots，56，57$），即在候选避难场所中选择避难场所C、E和G三个避难场所，能覆盖所有避难需求点，覆盖全部人口为49715人，覆盖结果如图6-12所示。

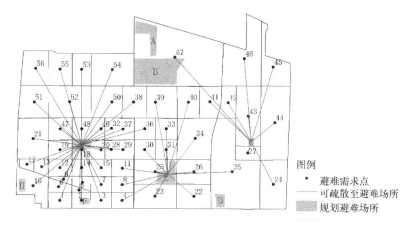

图6-12 避难需求点与其对应的规划避难场所的空间位置关系

三个规划避难场所中G起了更为关键的作用，在 $p=1$ 的情况下可覆盖大多数需求点，候选避难场所C满足了距离G点较远的需求点的避难需求，避难场所E在满足剩余的避难需求点的避难需求外，还分担了G的疏散压力，距离E点较近的避难需求点可选择避难场所E而不是G。

运用最大覆盖模型对其余复合灾害情景进行计算，分别得到8种情景下的选址最优解，其中与上述结果不同的避难需求点与其对应的规划避难场所的空间位置关系如图6-13所示。

两个覆盖模型对比来看，在使用集合覆盖模型时，由于模型没有考虑需求点的权数 w，这些最优解对成本最小化这一目标都是等价的，但运用最大覆盖模型在这些最优解中找出同时满足避难人口最大覆盖的最优解，求得覆盖所有需求点必需的最少服务设施数k，最大覆盖模型方法可以看成是双目标的模型。

3）P-中值模型选址结果

同样以大震下50年一遇暴雨复合灾害情景为例，运用P-中值模型对研究区范围内的避难场所进行计算选择，P-中值模型是固定 p 值，研究拟取 $p=6$，在8个规划避难场所中选取其中6个规划避难场所去服务所有需求点，模型计算结果为选择避难场所B、C、D、E、F、G这6个避难场所去服务57个避难需求点，每个需求点对应其中一个避难场

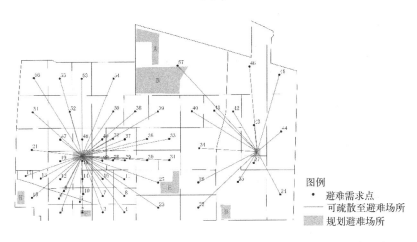

图 6-13　不同结果的避难需求点与其对应的规划避难场所的空间位置关系

所，可使总加权距离最小，具体避难需求点与其对应的规划避难场所的关系，运用其相应的空间位置关系图表示，见图 6-14。避难场所 F、G 承担了更多的避难疏散要求，由于西侧的避难需求点更加密集，使得西侧的避难场所疏散压力较大。

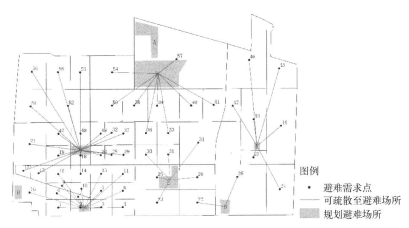

图 6-14　避难需求点与其对应的规划避难场所的空间位置关系

运用 P-中值模型对其余 8 种复合灾害情景进行运算，与上述结果显示不同的避难需求点与其对应的规划避难场所的空间位置关系如图 6-15 所示。

4）P-中心模型选址结果

同样以大震下 50 年一遇暴雨复合灾害情景为例，运用 P-中心模型对研究区范围内的避难场所进行计算选择，P-中心模型是固定 p 值，研究拟取 $p=6$，在 8 个规划避难场所中选取其中 6 个规划避难场所去服务所有需求点，计算结果为选择避难场所 A、B、C、D、F、G6 个避难场所去服务 57 个需求点，去满足最大需求距离最小化，每个需求点对应其中一个避难场所。具体避难需求点与其对应的规划避难场所的关系，如图 6-16 所示。研究区西侧路网较密，避难场所 F 和 G 覆盖更多的需求点，避难场所 A 只用于疏散需求点 38，存在规划冗余，在此情况下，可考虑将指定 p 设施定为 5 进行计算，更加节省成本。

（2）不确定失效情景下避难场所选址模型选址结果分析

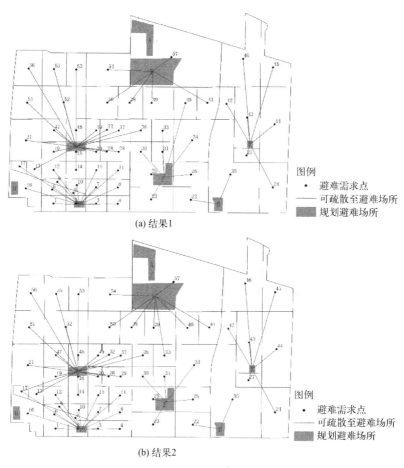

(a) 结果1

(b) 结果2

图 6-15　不同结果的避难需求点与其对应的规划避难场所的空间位置关系

研究区 57 个社区（1～57），8 个候选避难场所地址（A～G），取 $D_L = 500m$，$D_U = 3000m$，假设社区的几何中心是每个社区灾时的需求集中点，选出 4 个避难场所，并得出避难场所服务能力的最优分配比例。

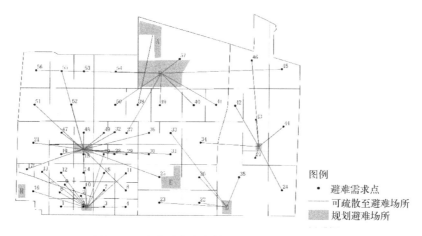

图 6-16　避难需求点与其对应的规划避难场所

设突发灾害情景为9种，各候选避难场所服务能力 C_j、每种情景的概率 λ_s 以及避难场所服务能力折减系数 p_{sj} 如表6-7所示。各社区的常住人数以及每种情景下社区避难需求比例，如表6-8所示。设各社区最低要求 $\alpha_i = 0.1$，利用 Matlab 对上面的模型进行多次随机计算，得到同样的最佳选址方案。最优选址方案即为 B、D、E、G，目标函数值为 73940.12047，各种情景下各个需求点获得避难场所点所提供的最优服务能力比例系数 x^*_{sij} 如表6-9所示。表6-9中第1列表示社区，社区5在第4种情景下的值为（E0.0054；G0.0047），表示社区5的需求可由避难场所 E 和 G 分别提供其服务能力的0.0054和0.0047得以满足，避难场所 E、G 的服务能力为灾害发生受到损失后所余的服务能力。各种复合灾害情景下的每个社区的避难需求可以由多个避难场所提供，各个社区在复合灾害情景下的应急避难需求由候选避难场所受到损失的服务能力按比例协同满足。

各种情景下候选避难场所服务能力下降系数和服务能力　　　　表6-7

p_{sj}	A	B	C	D	E	F	G	H	λ_s
情景1	0.90	0.95	0.95	1.00	0.90	0.95	0.95	1.00	0.3551
情景2	0.90	0.90	0.95	0.95	0.90	0.90	0.90	0.90	0.2412
情景3	0.85	0.90	0.90	0.90	0.85	0.90	0.90	0.90	0.0737
情景4	0.85	0.90	0.90	0.90	0.85	0.90	0.90	0.90	0.1325
情景5	0.85	0.90	0.90	0.85	0.85	0.90	0.85	0.90	0.0900
情景6	0.80	0.85	0.90	0.85	0.80	0.90	0.85	0.85	0.0275
情景7	0.80	0.85	0.85	0.85	0.80	0.85	0.85	0.85	0.0424
情景8	0.75	0.85	0.85	0.80	0.75	0.85	0.80	0.85	0.0288
情景9	0.70	0.85	0.80	0.80	0.75	0.85	0.80	0.85	0.0088
C_j	10362	30802	3564	9806	26597	4407	12458	8749	

多情景社区相关参数　　　　表6-8

e_{si}	1	2	3	4	5	…	55	56	57
情景1	0.08	0.09	0.09	0.08	0.08	…	0.10	0.10	0.09
情景2	0.08	0.09	0.09	0.08	0.08	…	0.10	0.10	0.09
情景3	0.08	0.09	0.09	0.08	0.08	…	0.10	0.10	0.09
情景4	0.18	0.19	0.19	0.18	0.18	…	0.21	0.25	0.19
情景5	0.18	0.19	0.19	0.18	0.18	…	0.21	0.25	0.19
情景6	0.18	0.19	0.19	0.18	0.18	…	0.21	0.25	0.19

e_{si}	1	2	3	4	5	⋯	55	56	57
情景7	0.30	0.30	0.30	0.30	0.30	⋯	0.32	0.32	0.32
情景8	0.30	0.30	0.30	0.30	0.30	⋯	0.32	0.32	0.32
情景9	0.30	0.30	0.30	0.30	0.30	⋯	0.32	0.32	0.32
M_i	4110	2530	2083	5057	970	⋯	2084	2816	15103

多情景应急避难场所服务能力最佳分配情况 　　　　　　表 6-9

x^*_{sij}	情景1	情景2	情景3	情景4	情景5	情景6	情景7	情景8	情景9
1	G0.0278	G0.0293	G0.0293	G0.0660	G0.0699	G0.0699	E0.0579	E0.0618	E0.0618
2	G0.0192	G0.0203	G0.0203	E0.0213	E0.0213	E0.0226	E0.0357	E0.0380	E0.0380
3	G0.0158	G0.0167	G0.0167	E0.0175	E0.0175	E0.0186	E0.0294	E0.0313	E0.0313
4	E0.0169	E0.0169	E0.0179	E0.0403	E0.0403	E0.0428	E0.0713	E0.0761	E0.0761
5	G0.0066	G0.0069	G0.0069	E0.0054 G0.0047	E0.077	E0.0082	E0.0137	E0.0146	E0.0146
6	G0.0186	G0.0196	G0.0196	G0.0417	G0.0442	G0.0442	E0.0388	E0.0414	E0.0414
7	G0.0220	G0.0232	G0.0232	E0.0245	E0.0245	E0.0260	E0.0459	E0.0490	E0.0490
⋯	⋯	⋯	⋯	⋯	⋯	⋯	⋯	⋯	⋯
57	B0.9338	B0.9332	B0.9093	B0.7525	B0.7319	B0.7162	B0.5012	B0.5012	B0.5012

由图 6-17 可知，社区 12 在复合情景 7、8、9 下，需求量较大，从原本的一个避难场所 G 变成避难场所 G 和 B 两者协同为社区 12 提供服务。因此，从图中避难场所点与各社区对应关系可知，社区需求量不大时，避难场所向社区提供服务的分配原则倾向于就近原则分配，而社区需求量增大时，避难场所向社区提供服务优先考虑满足数量要求。

1）应急服务质量最低要求系数的影响

令每个社区对于服务质量的最低要求 α 从 0 开始，每次增加 0.05，增加到 0.3 结果为无解，其余参数不变，计算结果如表 6-10 所示。可知，随着 α 的增大，目标函数值 z^* 减小，在一定范围内，α 发生变化，可能得到相同的问题最优解，也就是避难场所选址方案。

最优解与最低服务质量要求系数关系 　　　　　　表 6-10

α	$\alpha=0$	$\alpha=0.05$	$\alpha=0.1$	$\alpha=0.15$	$\alpha=0.2$	$\alpha=0.25$	$\alpha\geq0.3$
x^*	BDEG	BDEG	BDEG	BDEG	BDEG	BCEG	无解
z^*	73940.12049	73940.12048	73940.12047	73940.12047	73940.12046	68406.54238	

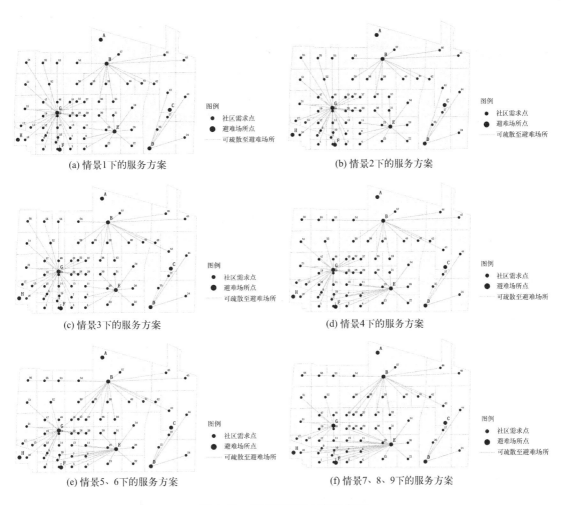

(a) 情景1下的服务方案　　　　　　　　　　　(b) 情景2下的服务方案

(c) 情景3下的服务方案　　　　　　　　　　　(d) 情景4下的服务方案

(e) 情景5、6下的服务方案　　　　　　　　　(f) 情景7、8、9下的服务方案

图 6-17　多情景服务方案示意图

2) 最小最大覆盖距离对综合期望值的影响

令 $D_U=3000\mathrm{m}$，让 D_L 以 200 为步长从 100 增加到 2500，并分别取社区服务质量要求下限 $\alpha=0$，0.1，0.2，0.3 计算所给目标函数值，结果如图 6-18 所示。可以看出，给定 D_U，当 D_L 增大时，所有社区的服务质量与数量指标的总期望值随之增大，其增幅先大后小。对于给定的 D_{ij}，当 D_U 确定时，若 $D_{ij}<D_U$，则由式（6-1）可知 F_{ij} 随着 D_L 增大而增大，若 $D_{ij}>D_U$，则 F_{ij} 不变，所有社区的服务质量和数量综合指标的期望值随着 D_L 的增大而增大。增幅由大变小，是因为 D_L 从小到大增加时，从基本覆盖转变为完全覆盖的社区在 D_L 远离 D_U 时比较多，而当 D_L 离 D_U 较近时基本覆盖转变为完全覆盖的社区相对变少，导致服务质量系数 F_{ij} 的变化率变小。

令 $D_L=500\mathrm{m}$，D_U 以步长 200 从 1600 增加到 4000，并分别取社区服务质量要求下限 $\alpha=0$，0.1，0.2，0.3 计算所给目标函数值。由图 6-19 所知，当 D_L 不变时，社区服务质量和数量综合指标的期望值随着 D_U 的增大而增大。

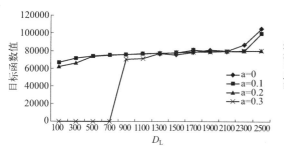
图 6-18 最小覆盖距离对目标函数值的影响

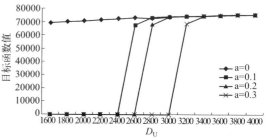
图 6-19 最大覆盖距离对目标函数值的影响

考虑复合灾害影响造成的应急避难场所服务能力不同程度受损影响，基于地震-暴雨复合灾害情景分析，建立不确定失效情景下避难场所选址概率模型，研究了满足最低服务质量和数量要求的城市应急避难场所选址问题。通过石家庄市实例应用分析发现：

（1）应急避难场所对社区提供服务时，相比于最大临界覆盖距离，最小临界覆盖距离对服务质量产生的影响较大，在确定时应该对最小临界距离特别注意；

（2）应急避难场所选址方案适当变化，可以较大地提高需求点最低服务质量要求，可能会获得更好的救援疏散效果；

（3）决策者可以基于不同的复合灾害情景结合实际情况，在应急避难场所覆盖社区需求点的选址问题上做出相应的权衡，提高救援疏散效率和效果。

6.3 Anylogic 仿真模型构建

6.3.1 构建空间场景

空间场景由避难需求点、避难场所和疏散通道三部分构成。避难需求点在街区单元层面指各建筑单体，位置设定在建筑出入口，在控规单元层面指各地块单元，位置设定在各地块出入口；避难场所包括公园、广场、绿地、学校、体育场等开放空间；疏散通道主要指交通道路以及线性开放空间。

通过 Anylogic 行人库模块提供的空间标记工具将其转化为 Anylogic 空间语言：疏散通道——利用 wall 工具对建筑进行圈注，限定出人行空间作为疏散通道；避难需求点——通过设定目标线 Target Line，并将其定义为人群出发点 Ped Source，来表示避难需求点的位置；避难场所——通过目标线 Target Line，并将其定义为人群消失线 Ped Sink，来表示避难场所位置。

以石家庄市中心城区一个防灾责任区为研究对象，来进行行人应急疏散仿真研究，现在以石家庄市中心城区的一个防灾责任区的疏散仿真为例说明建模过程。

首先运行 Anylogic 软件，新建一个模型文件，并对其进行命名。疏散环境需要按照实际城市规模来构建，因此需要先将底图导入，并按照现实尺寸设置比例尺。在导入城市控制性详细规划底图后，调整合适位置尺寸，在主界面内拖动比例尺。使其与底图边长同长，并在比例尺页面将标尺长度对应值设置成现实尺寸，使得模型中尺寸和现实中的尺寸一致。

导入的底图显示了仿真疏散环境中相应的实物及其位置。在行人库模块中使用 wall 工具对地块边界进行圈注，限定出行人空间作为疏散通道后，再利用多边形节点在封闭地块内部的社区地块和避难场所进行二次圈注，多边形节点编号与社区地块编号和避难场所编号分别相对应，在描绘出了地块基本空间结构后，用空间标记板块的"目标线"绘制避难需求点，将其定义为人群出发点，来表示避难人群出现的位置，并将避难场所的多边形节点定义为人群消失位置 Ped Sink。建模过程中不能把所有细节都描绘出来，因此在建模过程中需要进行简化处理。疏散空间场景建模如图 6-20 所示。

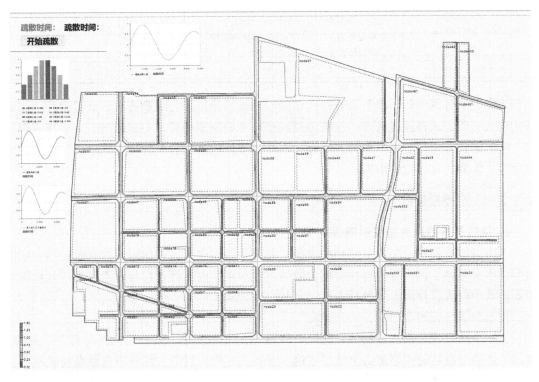

图 6-20　疏散空间场景建模

6.3.2　建立逻辑结构

构建疏散模拟空间场景后，需要构建相应的模拟逻辑结构，以控制模型的运行，如人群在哪里出现，选择哪个避难场所作为目的地，通过哪条疏散通道进行疏散等，即建立行人疏散过程的行为规则。

研究主要涉及的工具有：Ped Source——人群避难起点，关联空间场景中的避难需求点，用于定义避难需求点的人数；Ped Go To——疏散路径；Ped Sink——定义疏散终点，关联空间场景中避难场所的位置。疏散路径根据第三章的选址模型计算结果来确定。

Anylogic 中的行人库内置了多种功能的模块，可以实现行人仿真中的多种功能。利用这些功能模块，可以很方便地构建出行人疏散仿真的逻辑流程图。行人库自带了一些分析工具，能够对行人运动过程产生的相关数据进行统计分析。行人库中一些常用仿真模块及功能如表 6-11 所示。

常用仿真模块及功能 表 6-11

模块名称	功能描述	实际对象
Ped Source	生成行人。一般用于行人流的初始点，有多种方式来定义行人的到达方式	行人流生成的来源
Ped Sink	清除行人。一般用作行人流的重终点	行人消失的地方,即离开仿真环境
Ped Go To	引发行人移动到指定位置或区域。可以用空间标记图形来指定目标位置或区域	行人行动的目的地和中间路径
Ped Select Output	根据指定概率或条件,把行人引导到多条流线。其判定方式是从条件一开始逐一判断是否为 TRUE,如果是,则从该出口离开模块,则否,则跳到下一个条件	行人选择不同目标地点的行为
Ped Wait	规定行人在指定区域等候指定时间	行人在区域内逗留或者等候

当突发事件发生后，疏散人群通过相对应的疏散路径进行疏散逃生，通过模块，将疏散人群从避难需求点经过选择的疏散路径到达对应的避难场所，完成疏散。为采集疏散时的人流数据，在避难场所添加行人流统计模块，统计疏散过程中的行人流量以及疏散完成时间等，作为仿真评价的依据。

6.3.3 设定模拟参数

1. 疏散人员的行为特征影响因素

人员疏散过程是一个非常复杂的过程，其行为特性受到多方面因素的影响，结合研究内容，本文总结了行人行为特性影响疏散的主要因素，包括行人自身因素和周围环境影响因素，其中行人自身因素又包括生理因素和心理因素。

疏散个体生理因素如下：

（1）个体尺寸。疏散过程中，疏散个体难免会发生拥堵，彼此之间产生摩擦、碰撞。疏散个体通过拥堵的速率是由个体尺寸这一参数决定的。目前大部分仿真模型将疏散个体抽象成圆形或者椭圆形进行量化分析，形状尺寸取决于疏散者的胸部厚度以及肩宽。经调查，中国男性的平均肩宽在 0.45m 左右，女性肩宽在 0.39m 左右，所以认为个体尺寸直径设定在 [0.4,0.5]m 较为合理。所以本研究设定疏散个体尺寸投影为直径为 0.4~0.5m 的随机圆形。

（2）个体年龄。疏散行人的年龄构成会对疏散效率产生重要影响，主要分为两个方面。首先，不同年龄的人对突发事件的反应能力存在差异性，当发生突发事件后，中青年人能够在较短时间内做出反应并采取相应措施，相对来说疏散的效率较高。而老人和小孩对危险的反应判断能力较差，在应急疏散过程中容易处在被动弱势的状态，疏散效率会较低。其次，不同年龄的行人在行动能力上也存在差异性，国内外学者对行人的速度进行了大量的研究和统计。通常情况下，青少年和成年人的步行速度相对较快，而老年人速度较慢，国外学者对不同年龄段的行人速度进行了统计，得到的速度与年龄的关系图。

（3）个体性别。目前存在研究表明男性和女性在面对突发事件时的表现有很大不同。例如在火灾情况下，男性多设法灭火或者搜寻需要帮助的人，而女性则倾向于报警和通知他人。相关研究表明女性比男性更倾向于调查线索、告知他人和疏散。此外，由于体型和身体结构的不同，男性和女性的行走速度也有所不同。通常情况下男性的步行速度比女性略高。

（4）个体健康状况。一方面，身体存在残障或特殊疾病的行人，会有部分感官能力和行动能力缺失，使得这些人在应对突发事件时难以做出迅速准确的判断，也难以及时采取行动措施，在疏散中处于十分不利的状态；另一方面，一些人个体大脑的清醒状态也会影响判断力和行动力，如沉睡中的人或醉酒的人，几乎丧失对环境信息的判断和处理能力，如没有他人及时给予帮助，则有可能使自身陷于危险处境。

城市中心区人口密度高，在发生突发事件时，大量人群要从避难需求点经过疏散通道到达避难场所，在疏散过程中，容易造成行人的焦虑和恐慌。突发事件的影响范围和危害程度往往难以预测，对于疏散人员来说，也往往没有足够的心理准备和应对经验，在这种氛围下，行人个体难以判断突发事件的演化和疏散的进度，使得恐慌情绪在人群中蔓延。恐慌人群因情绪不稳定，容易产生过激行为，盲目采取行动，慌乱选择路径或盲目从众，对疏散效率造成影响，甚至可能导致次生事故灾害。在高密度人群中，这种恐慌心理更容易造成不同程度的人员伤亡和财产损失。人的心理状况决定了疏散进程能否有序进行，同时影响疏散个体初始疏散路线的选择。

疏散个体心理因素如下：

（1）聚集心理。灾情发生后，距离较近的疏散人员会自发的聚集在一起。这一现象的首要原因是疏散人员受恐慌情绪推动，认为人们聚集在一起更有安全感，其次因为个别疏散人员对建筑环境熟悉程度不足，下意识跟着大部队走以期找到正确的疏散路线。这种现象可以帮助疏散人员更快找到出入口，但因聚集产生的拥堵在一定程度上影响了疏散效率。

（2）惯性心理。当个体遇到危险时，由于紧张情绪以及慌乱心理的作用很难对逃生路线进行理性的分析与规划。此时若所处地区是个体所熟知的，他会习惯性的选择自己最熟悉的最近的避难场所进行避难，这种心理大体可归纳为惯性心理。

（3）竞争与合作的心理。在灾情状况下，某些疏散者在求生欲望的驱使下，人为逃生时间和避难空间是有限的，若无法第一时间撤离到达避难空间就会丧失逃生机会，进而对某些拥挤场景内的其他逃生避难人员产生不友好的行为来为自己取得更大的逃生概率，严重情况甚至会导致踩踏等危险事故发生，大大影响应急疏散进程。与竞争心理相对应的是合作心理。同一建筑、社区或地区内的不同人群往往存在亲人、朋友、师生、同事等亲近关系，这种关系往往会促成疏散过程中的互助现象。同时某些疏散人员受到道德层面的影响会为其他行动能力不强的老年人、孩童、残疾人等提供帮助，对疏散进程起到正面推动效果。

（4）冲动心理。在紧张的灾情状况中，某些心理承受能力差的疏散人员因恐惧往往会做出不理智的行为，在疏散过程中丧失行动力大声喊叫，甚至某些疏散人员因不理智妄图通过跳楼提前逃离灾情中心。这种心理导致的行为往往会波及其他疏散人员的心理防线，对疏散造成极大的影响。

外界因素对疏散个体的影响主要分为三个方面，个体空间位置、人流密度与环境障碍、灾情环境影响：

（1）个体空间位置。灾情发生时，疏散个体在地块中的位置不同必然会影响总体的疏散时间。采用疏散个体随机生成的应急疏散模型很难进行针对性的疏散模拟，为了提高模型复用性与真实性，模型加入疏散个体位置设计模块对不同疏散个体进行初始位置设计。

（2）人流密度与环境障碍。人流密度以及环境障碍也是影响疏散进程的重要因素，当疏散个体处在高人流密度区域和障碍较多的环境时很难保持正常的疏散速度。Nelson 和 Mowrer 的研究指出，当人群密度小于 0.54 人/m^2，人们可以各自按照自己的速度进行疏散，不会受到其他人速度的影响；当人群密度超过 3.8 人/m^2 时，疏散几乎无法进行。AnyLogic 软件中的人群智能体模块底层嵌入了改进社会力模型，智能体可以根据周围拥挤情况得到自适应的疏散速度。

（3）灾情环境影响。疏散个体处在应急疏散环境中的运动状态与平时的状态存在很大的差异，处于应急环境中的疏散个体会受到诸如火灾时的烟气蔓延、地震时的楼体震动、震后道路堵塞等因素的影响，疏散速度会受到很大的影响。并且随着时间的推移，外界因素会加剧，对疏散个体造成的影响会越来越严重，这导致速度会根据环境的变化实时改变。本研究以城市中心区为例，并以地震作为主要外部应急环境，暴雨作为一种伴随状态，说明仿真建模的具体方法并对模型进行实例验证，所以本部分主要讨论地震和暴雨积涝对疏散个体的影响。

2. 疏散人员的数量分布与年龄结构

人口的空间分布是进行避难疏散模拟的前提，对研究区各类易损性结构建筑的建筑面积进行统计，进而对研究区小震、中震、大震影响下避难疏散人口比例进行计算。基于研究区常住人口数量，计算研究区各个地块的避难疏散人口，得到研究区人员分布数据。

3. 疏散人员的行进速度与形体特征

在城市中心区发生突发事件的情况下，社区管理人员会组织行人进行疏散逃生，行人通常不会选择其他行为，相关调查数据也显示行人会优先选择和同伴一起逃生，在这种情况下，生理因素主要影响的就是行人的速度。

行人的速度是应急疏散仿真中非常重要的考虑因素，在仿真中必须充分考虑速度的差异对疏散时间的影响，现有的行人疏散仿真中对行人速度的处理方法有两种，一种是按照不同类型行人速度及比例，计算平均速度进行统一设置；另一种是按照不同行人类型，在仿真输入阶段设置不同参数。以城市中心地块的应急疏散为背景，结合实际情况，将行人按照年龄分为青年、中年、老人小孩这三种类型，相关研究和经验表明，这三类的行人在疏散过程中行为能力存在一定的差异性，有必要在仿真模型中单独设置不同类型，并对其属性进行设置。

6.3.4 添加统计插件

为了得到避难疏散模拟过程中多项数据以开展后续分析优化，还需要添加统计插件辅助进行数据获取，主要用到的插件有：

（1）人流密度图（Pedestrian Density Map）。人流密度地图用于统计避难疏散模拟过程中各位置的实时人群密度。行人密度图可通过设定不同的颜色来表示不同区域、不同时间点的人群密度，单位为 p/m²。通过行人实时密度的分析，可判断疏散人群发生拥堵的位置及拥堵持续的时间，以确定需要改进的空间位置。

（2）时间折线图（Time Plot）。时间折线图能够直观反映疏散完成人数随时间变化的情况，可导出数据用于计算避难成功率。

（3）行人流统计（Ped Flow Statistics）。行人流统计可以对通过各疏散通道的人数进行统计，计算各疏散通道在疏散过程中承担的人流量负荷，从而划分各疏散通道的重要性等级；也可以统计各避难场所实际服务的避难人数，用于计算各避难场所的利用率。

6.4 复合灾害情境下避难疏散模拟

6.4.1 实验数据获取

根据 Anylogic 疏散模拟需要，研究所需要的基础数据分为人口数据和空间数据两类。

（1）人口数据：包括数量分布、年龄结构、行进速度等。人口的数量及空间分布是进行避难疏散模拟的前提，避难需求人数根据灾后避难需求模型确定各控规地块的疏散人数，地震作为主要灾害产生避难需求，研究区在小震、中震、大震下的人口分布情况；针对城市中心区高强度、高密度和高复杂性的特点，面对地震、暴雨等突发灾害时，采用步行为主的疏散方式是相对最佳策略。关于人群疏散行进速度，根据相关文献，各年龄段人群的期望速度如表，地震和暴雨积涝会对人群的期望速度产生折减，并且在疏散过程中人群密度不断增大，实际速度会随之变慢，其运动方向也会不断改变，具体数值和方向由 Anylogic 软件在仿真模拟过程中自主确定。

（2）空间数据：包括地块出入口、街道的有效疏散宽度、避难场所分布、面积及出入口位置，可以规划空间数据为基础，结合实地调研数据进行补充和修正。①疏散起点及终点设定：本次研究主要关注居民在情景复合灾害下按照避难场所选址方案从各控规地块疏散至对应避难场所的步行疏散过程。疏散起点为研究区各控规地块的出入口，在实地调研的基础上确定其具体位置并对各控规地块对应的疏散人口数量进行赋值，疏散终点为各避难场所的出入口。运用 Anylogic 软件中的"Target Line"模块设置疏散起点及终点，编入代码，使各地块疏散人员按照对应的避难场所选址方案路径选择进行疏散。②避难疏散通道构建：Anylogic 软件中"Wall"模块对人群行进具有限制作用，利用该模块对研究区域的疏散通道进行绘制，限定出疏散通道的尺寸及走向。

6.4.2 疏散拥堵分析

由于 Anylogic 会在疏散条件设定的前提下随机模拟，每次模拟结果均可能出现差异，故取多次模拟过程的疏散情况综合分析以提高模拟精确度。以大震五十年一遇暴雨复合情景为例进行疏散模拟，研究区不同时刻的疏散场景如图 6-21 所示。

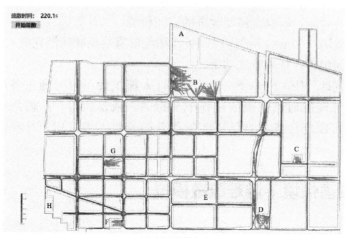

(a) 开始疏散4min

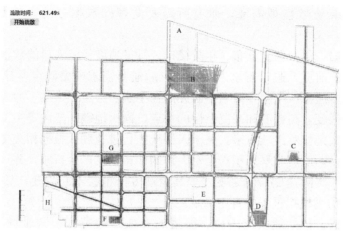

(b) 开始疏散10min

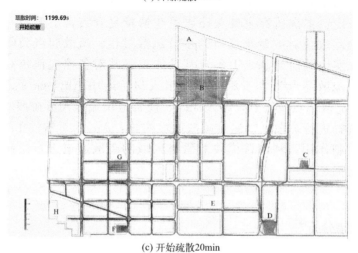

(c) 开始疏散20min

图 6-21 研究区不同时刻的疏散场景（一）

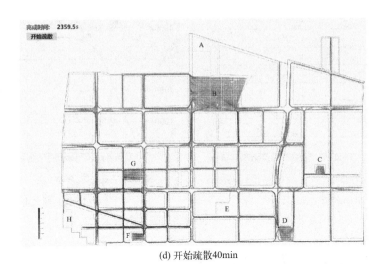

(d) 开始疏散40min

图6-21 研究区不同时刻的疏散场景（二）

拥堵位置及数量：多次模拟进行观察分析，标记每次模拟过程中出现的拥堵位置——即疏散场景图中的深色区域，得到多次模拟中出现拥堵概率在90％以上的位置，多位于人流交汇处、通道转弯处、巷道狭窄处，研究区西南角地块1-17周边拥堵最为严重，并且集中连片，导致人群拥挤行进缓慢，拥堵时间较长，发生事故的可能性较大，这和该区域人员密度大、疏散道路狭窄有很大的关系，是需要重点提升的区域；其余地块周边属于独立拥堵路段，拥堵时间较短，需要进行一般性优化。

6.4.3 疏散时间分析

疏散时间：在多次模拟的前提下，对完成疏散人数随时间变化的情况（图6-22）进行分析，得出到如下结论：50％人员完成疏散的时间为13分10秒左右，90％人员完成疏散的时间约为30min，所有人员完成疏散的时间是39分20秒。疏散过程中，个别人员反应迟钝或者由于对地形不熟悉选错路径等情况，导致总疏散完成时间延长。

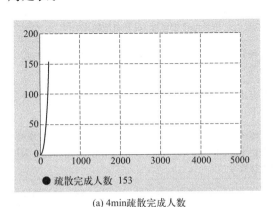

(a) 4min疏散完成人数

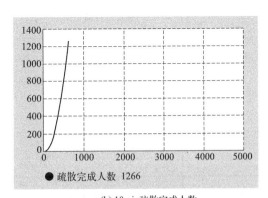

(b) 10min疏散完成人数

图6-22 研究区不同时刻的疏散人数（一）

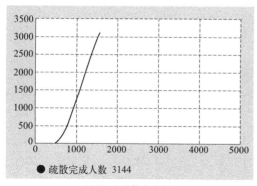

● 疏散完成人数 3144

(c) 20min疏散完成人数

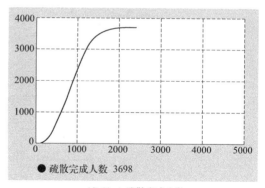

● 疏散完成人数 3698

(d) 40min疏散完成人数

图 6-22　研究区不同时刻的疏散人数（二）

6.4.4　复合灾害情境下避难疏散空间优化策略

空间层面：对于拥堵程度系数较高的路段需要重点进行防灾设计（表 6-12），例如加固重要疏散道路两侧建筑提升其抗震性能、以老旧建筑局部拆除、建筑退台等方式提升疏散道路的有效宽度。一般有三种方式：

（1）退让，即拓宽狭窄疏散通道，对建筑进行退界改造，但对其住户给予相应面积补偿，允许其在不破坏街区整体风貌的前提下适当提升建筑高度；

（2）架空，即对阻挡必要疏散通道的建筑物一层进行架空处理，在对街区风貌破坏最少的前提下疏通疏散路径，并对居民的建筑面积损失给予适当经济补偿；

（3）局部拆除，即对违章建筑进行拆除，打通街区疏散动线。

疏散通道优化方法　　　　　　　　　　　　　　　　　　　　　　　　　　表 6-12

提升目标	设施优化类型	技术特征及作用
疏散安全性	建筑防灾化处理	针对重要疏散通道提升建筑抗震性能,立面进行加固处理,严格控制空调、广告牌等立面悬挂物,降低建筑物倒塌和坠物风险
	重要疏散通道拓宽	对负荷比与其宽度不匹配的疏散通道进行拓宽,适当调整车行道、人行道及绿化带宽度,提升疏散效率
	潜在拥堵位置优化	对疏散过程拥堵路段,局部增加开场空间(口袋绿地、街头广场等)作为安全缓冲空间,降低拥堵概率
	应急照明设计	重要疏散通道增设太阳能或风能发电灯具,提供灾时极端条件下和夜间避难照明
	疏散通道景观设计	重要疏散通道的街道景观应充分考虑灾时疏散的安全性,如雕塑小品、水景、绿化等不应过多占用空间,地面铺装采用防滑材质等
疏散高效性	避难场所出入口设计	根据疏散路径调整避难场所开口位置和宽度,适当增设面向主要疏散通道的出入口数量
	避难疏散标识系统设计	充分利用电子显示屏和路标等,用于引导人群疏散和灾害信息传达。注重标识系统设计的色彩和连贯性,提升引导作用

　　管理层面：应急疏散不仅是对疏散路径网络合理性的检验，更是灾时紧急场景下对街区平日应急疏散管理工作的考验，街区疏散标识体系是否完善、疏散训练是否进行以及邻里关系是否亲密都会影响街区人群的疏散效率。针对以上提出三方面建议：

　　（1）完善街区疏散引导标识系统，采用多种方式对人群疏散进行有效引导，以提高人群疏散流线选择的合理性，减少疏散过程中不必要的人流交汇；

　　（2）平日加强对街区人员防灾疏散知识的宣传，制作分发社区防灾手册，整备、演练应急疏散计划与对策；

　　（3）社区是灾害冲击最前线，面对灾害，政府力量与家庭自我保护能力虽都是必要的，但在家庭个人与政府之间极重要的媒介——社区投入更是必不可少，家庭个人力量常能符合需要，但常微不足道；政府的措施力量大，但有时大而无当，难以符合个别地区需要，社区成为拯救多数人生命的关键。灾害发生初始的奔走呼告、疏散过程中的相互扶持均能有效提升疏散效率及疏散途中的安全性，因此应持续推动社区整体营造，加强邻里关系，促进灾时自救互救。

6.5　本章小结

　　本章以城市防灾疏散责任区为研究对象，研究了该区复合灾害情况，构建研究区复合灾害避难疏散空间信息数据库，进行复合灾害影响下避难需求计算与城市道路通行能力量化与分析。对研究区地震-暴雨复合灾害避难场所的选址进行结果可视化分析，并基于选址结果进行灾后人员疏散仿真模拟，最后通过仿真过程和统计结果的分析，总结了疏散过程中存在的问题，并提出了进一步的优化建议。

参考文献

[1] 中华人民共和国国家标准. 防灾避难场所设计规范 GB 51143—2015 [S]. 北京：中国建筑工业出版社，2016.

[2] 中华人民共和国国家标准. 城市综合防灾规划标准 GB/T 51327—2018 [S]. 北京：中国建筑工业出版社，2018.

[3] 中华人民共和国国家标准. 地震应急避难场所场址及配套设施 GB 21734—2008 [S]. 北京：中国标准出版社，2008.

[4] 国家减灾委员会.《"十四五"国家综合防灾减灾规划》（国减发（2022）1 号）[Z]. 2022.

[5] 陈宗志. 城市防灾减灾设施选址模型与战略决策方法研究 [D]. 上海：同济大学，2006.

[6] MURRAY A T. Advances in location modeling：GIS linkages and contributions [J]. Journal of Geographical Systems，2010，12（3）：335-354.

[7] CHURCH R L，SCAPARRA P M，Middleton R S. Identifying critical infrastructure：the median and covering facility interdiction problems [J]. Annals of the Association of American Geographers，2004，94（3）：491-502.

[8] 王薇. 城市防灾空间规划研究及实践 [D]. 长沙：中南大学，2007.

[9] 刘朝峰，刘晓然. 灾变环境下山地城市应急避难疏散体系自适应规划：山地城镇可持续发展专家论坛 [C]. 重庆，2012.

[10] 李宁，郭小东，刘艳，等. 建立城市避难疏散防灾空间体系的探讨 [J]. 河南科学，2010，28（07）：872-874.

[11] 徐伟，冈田宪夫，徐小黎，等. 基于营养系统的灾害避难所规划的概念模型 [J]. 灾害学，2008，（04）：59-65+100.

[12] RUIFENG Z，YUE Z，LU Q，et al. A continuous floor field cellular automata model with interaction area for crowd evacuation [J]. Physica A：Statistical Mechanics and its Applications，2021，575：126049.

[13] JIA L，YUN C，YONG C. Emergency and disaster management-crowd evacuation research [J]. Journal of Industrial Information Integration，2021，21：100191.

[14] HENG L，DIANJIE L，GUIJUAN Z，et al. Recurrent emotional contagion for the crowd evacuation of a cyber-physical society [J]. Information Sciences，2021，575：155-172.

[15] 黄琳. 虚拟人群疏散标志感知与群组行为建模研究 [D]. 北京：中国科学院大学（中国科学院空天信息创新研究院），2021.

[16] 钟光淳，翟国方，毕雪梅，等. 校园人群应急疏散行为及其影响因素研究 [J]. 地震研究，2022，45（01）：150-159.

[17] 郭志杰，张奥宇，鲁水涛，等. 高海拔隧道防烟策略及疏散通道间距探讨 [J]. 地下空间与工程学报，2021，17（05）：1671-1678.

[18] 杨纪伟，王琛，沈翔. 东关历史文化街区旅游疏散通道研究：2020/2021 中国城市规划年会暨 2021 中国城市规划学术季 [C]. 成都，2021.

[19] 戎传亮，雷文君，齐新叶. 疏散通道温度变化与人员流动关系的实验研究——以高校教学楼为例 [J]. 山东建筑大学学报，2021，36（03）：52-59.

[20] 颜峻，孟燕华，左哲. 基于 Bayesian 网络的建筑火灾疏散条件安全性评估方法 [J]. 中国安全生产科学技术，2020，16（12）：116-121.

[21] 颜峻，疏学明，胡俊，等. 建筑火灾中人员疏散响应过程推理与评估模型研究 [J]. 消防科学与

技术，2020，39（10）：1430-1434.

[22] CHENG J C P，TAN Y，SONG Y，et al. Developing an evacuation evaluation model for offshore oil and gas platforms using BIM and agent-based model [J]. Automation in Construction，2018，89：214-224.

[23] 马程伟，王培茗，张垫. 山地小城市避震疏散通道通行能力评估及选择研究——以昆明东川城区为例 [J]. 地震工程学报，2021，43（05）：1112-1122.

[24] ZIHAO L，LEPING R，HAOYUN Y. Performance-based Rapid Evaluation Method for Post-earthquake Traffic Capacity of Bridge System [J]. IOP Conference Series：Earth and Environmental Science，2021，791（1）.

[25] JINGHUI J，CHAOYI X，KUNPENG W，et al. Traffic Capacity Assessment of the Urban Elevated Bridge after Near-Field Explosion Based on the Response Surface Method [J]. Shock and Vibration，2020，2020.

[26] HAMID M，FARSHID S，ERFAN H. Estimation of highway capacity under environmental constraints vs. conventional traffic flow criteria：A case study of Tehran [J]. Journal of Traffic and Transportation Engineering (English Edition)，2020，8（5）：751-761.

[27] 赵宇宁，党会森. 人员密集场所应急疏散的风险评估模型研究 [J]. 中国公共安全（学术版），2012（02）：34-37.

[28] 韩如适，张向阳. 超高层建筑装修施工火灾风险与安全疏散现场调研及评估 [J]. 安全与环境工程，2016，23（04）：113-117.

[29] 齐蔓菲，於家，姜丽，等. 城市道路的人员疏散风险评价研究 [J]. 中国安全生产科学技术，2021，17（03）：12-18.

[30] 王亚飞，朱伟，马英楠. 人员密集场所紧急疏散风险模型研究 [J]. 中国安全生产科学技术，2019，15（S1）：20-25.

[31] 陈之强，王辛岩. 城市交通网络客流疏散安全评估方法仿真 [J]. 计算机仿真，2018，35（10）：226-229＋308.

[32] 张蔷. 大型商业综合体的安全疏散与消防安全评估探讨 [J]. 今日消防，2021，6（06）：103-104.

[33] 张威涛，运迎霞. 港口城市抗震避难场所的疏散可达性优化——基于名古屋港区的规划实证研究与启示 [J]. 城市建筑，2018（29）：12-14.

[34] 唐波，关文川，王丹妮，等. 基于两步移动搜寻法和OD矩阵的城市社区应急避难场所可达性研究——以广州市荔湾区为例 [J]. 防灾科技学院学报，2018，20（03）：59-66.

[35] 王滢. 基于疏散行为的滨海城市避难空间规划策略研究 [D]. 天津：天津大学，2016.

[36] 王秋英. 城市公园防灾机能的研究 [D]. 唐山：河北理工大学，2005.

[37] 马晨晨，王威，苏经宇. 基于三维风险矩阵的防灾避难场所安全性研究 [J]. 安全，2018，39（11）：31-34.

[38] 陈宣先，王培茗，付志国. 基于灾害风险评估的山地城市固定避难场所布局优化研究——以东川区为例 [J]. 自然灾害学报，2020，29（01）：162-174.

[39] 张晨. 基于POI数据的避难场所空间格局分析与优化研究——以南京市为例 [J]. 绿色环保建材，2018（10）：55-56.

[40] 张小勇，戴慎志. 城市高层住区居民选择的避难场所空间特征研究 [J]. 上海城市规划，2018（02）：116-122.

[41] 陈鹏，张继权，孙滢悦，等. 城市内涝灾害居民出行困难度评价——以长春市南关区为例 [J]. 人民长江，2017，48（24）：20-25＋36.

[42] 宋守信，陈明利，翟怀远. 反脆弱机制在安全风险管控中的策略研究 [J]. 中国安全科学学报，

2020，30（12）：8-15.

[43] 齐瑜．北京市应急避难场所规划与建设［J］．中国减灾，2005（03）：34-36.

[44] 姚清林．关于优选城市地震避难场地的某些问题［J］．地震研究，1997（02）：96-100.

[45] 易嘉伟，王楠，千家乐，等．基于大数据的极端暴雨事件下城市道路交通及人群活动时空响应
［J］．地理学报，2020，75（03）：497-508.

[46] DELL 'OVO M，CAPOLONGO S，OPPIO A. Combining spatial analysis with MCDA for the siting
of healthcare facilities［J］．Land Use Policy，2018，76：634-644.

[47] LIU N，HUANG B，CHAND RAMOULI M. Optimal siting of fire stations using GIS and ANT al-
gorithm［J］．Journal of Computing in Civil Engineering，2006，20（5）：361-369.

[48] 于冬梅，高雷卓，赵世杰．不确定与损毁情景下可靠性设施选址鲁棒优化模型与算法研究［J］．
系统工程理论与实践，2019，39（02）：498-508.

[49] 陈刚，付江月．灾后不确定需求下应急医疗移动医院鲁棒选址问题研究［J］．中国管理科学，
2021，29（09）：213-223.

[50] 徐柏刚．复合灾害应急避难政策及疏散受损评估研究：以东京新小岩地区为例［D］．大连：大连
理工大学，2018.

[51] 崔晓莉．呼和浩特市中心城区避震疏散场所规划布局研究［D］．呼和浩特：内蒙古师范大
学，2018.

[52] 吴正言，张春勤，莫时旭．地震疏散路径规划算法［J］．武汉理工大学学报（交通科学与工程
版），2014，38（02）：308-311.

[53] 何晓丽．重庆市商业中心区避难道路安全评价研究［D］．重庆：重庆大学，2012.

[54] 张恒维．以多属性决策选择都市最适避难路径之研究［D］．台湾：逢甲大学，2007.

[55] 徐伟，胡馥好，明晓东，等．自然灾害避难所区位布局研究进展［J］．灾害学，2013，28（04）：
143-151.

[56] 季珏，高晓路，徐匆匆，等．基于疏散行为的震灾避难场所服务效率评价［J］．地理科学进展，
2017，36（08）：965-973.

[57] 朱剡．基于STEPS软件的历史地段人员疏散避难仿真模拟研究［D］．天津：天津大学，2012.

[58] 刘珊，郭瑞军．基于AnyLogic的铁路客运站火灾疏散仿真研究［J］．交通科技与经济，2019，21
（05）：20-26.

[59] Godron Alexandre．基于AnyLogic的地铁车站服务能力与应急疏散仿真［D］．哈尔滨：哈尔滨工
业大学，2018.

[60] 田媛．基于Building EXODUS模拟的大型体育场看台疏散流线设计研究［D］．哈尔滨：哈尔滨
工业大学，2015.

[61] 马骏驰．火灾中人群疏散的仿真研究［D］．上海：同济大学，2007.

[62] 肖健夫．基于SIMULEX仿真的商业综合体室内步行街疏散优化策略［D］．哈尔滨：哈尔滨工业
大学，2017.

[63] 雷唯．基于Netlogo的人员密集步行商业街区应急疏散方法探讨［D］．天津：天津大学，2017.

[64] 胡明伟．行人交通模型与微观仿真［J］．道路交通与安全，2009，9（03）：19-24.

[65] 单庆超，张秀媛，张朝峰．社会力模型在行人运动建模中的应用综述［J］．城市交通，2011，9
（06）：71-77.

[66] 张亚楠，高惠瑛．基于ArcGIS的多准则地震应急避难场所选址规划研究［J］．震灾防御技术
2019，14（2）：376-386.

[67] Thompson P A，Marchant E W. Computer and fluid modelling of evacuation［J］．Safety Science，
1995，18（4）：277-289.

[68] 陈长坤，童蕴贺．基于元胞自动机恐慌状态下人群疏散模型研究 [J]．中国安全生产科学技术，2019，15（06）：12-17．

[69] 张勤，高亦飞，高娜，等．城镇社区地震应急能力评价指标体系的构建 [J]．灾害学，2009，24（03）：133-136．

[70] 刘刚，王威，马东辉，等．居住区及居住小区的紧急避险地布局与设计研究 [J]．四川建筑科学研究，2016，42（06）：124-128＋142．

[71] 周爱华，张景秋，张远索，等．GIS下的北京城区应急避难场所空间布局与可达性研究 [J]．测绘通报，2016（01）：111-114．

[72] 王威，苏经宇，马东辉，等．城市避震疏散场所选址的时间满意覆盖模型 [J]．上海交通大学学报，2014，48（01）：154-158．

[73] 田丽．基于韧性理论的老旧社区空间改造策略研究 [D]．北京：北京建筑大学，2020．

[74] 陈佳艳．基于疏散准备时间预测的城市居民区人员应急疏散模拟研究 [D]．上海：上海师范大学，2020．

[75] 李树华．防灾避险型城市绿地规划设计 [M]．北京：中国建筑工业出版社，2010．

[76] 武陈．体育场馆作为救灾的避难场所的功能和作用研究 [J]．灾害学，2018，33（04）：175-179．

[77] 刘晓然，张略淼，甄纪亮，等．考虑人员疏散无序性的片区固定避难空间仿真及优化 [J]．安全与环境学报，2023，23（05）：1709-1716．

[78] 赵春晓，魏楚元．多智能体技术及应用 [M]．北京：机械工业出版社，2021．

[79] RICHARDSON L F. A note：measuring compactness as a requirement of legislative apportionment [J]．Mid-west Journal of Political Science，1961，5（1）：70-74．

[80] 王丽华，马东辉．城市韧性恢复能力与空间形态特征相互关系研究 [J]．武汉理工大学学报（信息与管理工程版），2021，43（03）：197-202．

[81] 刘朝峰，张嘉鑫，杜金泽，等．基于SPA-VFRM的城市要害系统综合应急能力研究 [J]．中国安全生产科学技术，2019，15（07）：26-31．

[82] 熊焰，梁芳，乔永军，等．北京市地震应急避难场所减灾能力评价体系的研究 [J]．震灾防御技术，2014，9（04）：921-931．

[83] 江福才，彭奇，马全党，等．基于CV-DEA模型的水上应急资源配置效率评价 [J]．安全与环境学报，2022，22（01）：323-330．

[84] 王枫．已建成固定避难场所评价研究 [D]．唐山：华北理工大学，2020．

[85] 刘晓然，苏经宇，王威，等．重点片区道路应急避震疏散评价理论模型 [J]．系统工程理论与实践，2015，35（01）：205-215．

[86] 马驰．网格法商场安全疏散时间预测研究 [D]．阜新：辽宁工程技术大学，2016．

[87] 王燕语．东北城市居住区安全疏散优化策略研究 [D]．哈尔滨：哈尔滨工业大学，2020．

[88] YI S. Simulations of bi-direction pedestrian flow using kinetic Monte Carlo methods [J]．Physica A：Statistical Mechanics and its Applications，2019，524，519-531．

[89] 初建宇，马丹祥，苏幼坡．基于组合赋权TOPSIS模型的城镇固定避难场所选址方法研究 [J]．土木工程学报，2013，46（S2）：307-312．

[90] 苏建锋，张庆斌．城市地震应急避难场所适宜性评价——以天津市中心城区为例 [J]．震灾防御技术，2021，16（02）：414-420．

[91] 李永浮，潘浩之，田莉，等．哈夫模型的修正及其在城市商业网点规划中应用——以江苏省常州市为例 [J]．干旱区地理，2014，37（04）：802-811．

[92] 郑波尽．复杂网络的结构与演尽 [M]．北京：科学出版社，2018．

[93] 端祥宇，袁冠，孟凡荣．动态社区发现方法研究综述 [J]．计算机科学与探索，2021，15（04）：

612-630.

[94] NEMMAN M E, Girvan M. Finding and evaluating com-munity structure in networks [J]. Physical Review E, 2004, 69 (2): 026113.

[95] 孟彩霞, 李楠楠, 张琰. 基于复杂网络的社区发现算法研究 [J]. 计算机技术与发展, 2020, 30 (01): 82-86.

[96] 李惠永. 考虑避难需求变化的城市应急避难场所布局规划模型研究 [D]. 上海: 上海大学, 2018.

[97] 钱洪伟. 城镇应急避难场所运营管理机制设计探讨 [J]. 灾害学, 2014. 29 (04): 143-149.

[98] 俞武扬. 服务能力受损情景下的应急设施选址模型 [J]. 控制与决策, 2016, 31 (11): 1979-1984.

[99] 尹之潜, 杨淑文. 地震损失分析与设防标准 [M]. 北京: 地震出版社, 2022.

[100] 陈志芬, 周健, 王家卓, 等. 应急避难场所规划中避难人口预测的简便方法——以地震灾害为例 [J]. 城市规划, 2016, 40 (09): 105-112.

[101] 高杰, 冯启民, 张海东. 城市群体建筑物震害模拟方法研究 [J]. 震灾防御技术, 2007 (02): 193-200.

[102] 杜鹏. 交通系统震害预测中瓦砾堆积问题的改进 [J]. 世界地震工程, 2007 (01): 161-164.

[103] 钱津. 基于GIS的城市内涝数值模拟及其系统设计 [D]. 南京: 南京信息工程大学, 2012.

[104] 张书函, 肖志明, 王振昌, 等. 北京市城市内涝判定标准量化研究 [J]. 中国防汛抗旱, 2019, 29 (09): 1-5.

[105] 宋英华, 张哲, 方丹辉. 城市洪涝下承灾体暴露性及行人失稳风险分析 [J]. 中国安全科学学报, 2020, 30 (10): 105-111.

[106] 夏军强, 董柏良, 周美蓉, 等. 城市洪涝中人体失稳机理与判别标准研究进展 [J]. 水科学进展, 2022, 33 (01): 156-163.

[107] 段满珍, 轧红颖, 李珊珊, 等. 震害道路通行能力评估模型 [J]. 重庆交通大学学报 (自然科学版), 2017, 36 (05): 79-85.

[108] 王述红, 张泽, 侯文帅, 等. 综合管廊多灾种耦合致灾风险评价方法 [J]. 东北大学学报 (自然科学版), 2018, 39 (06): 902-906.

[109] 魏米玲. 复合灾害背景下城市避难疏散风险评估及规划策略优化 [D]. 北京: 北京工业大学, 2022.